花卉周年生产技术丛书

观赏凤梨周年生产技术

李晓明　柯立东　主编

中原农民出版社

·郑州·

图书在版编目（CIP）数据

观赏凤梨周年生产技术/李晓明，柯立东主编. —郑州：
中原农民出版社，2017.2
（花卉周年生产技术丛书）
ISBN 978 - 7 - 5542 - 1622 - 4

Ⅰ.①观… Ⅱ.①李… ②柯… Ⅲ.①凤梨科 – 观赏园艺
Ⅳ.①S682.39

中国版本图书馆 CIP 数据核字（2017）第 027939 号

观赏凤梨周年生产技术

李晓明　　柯立东　　主编

出版社： 中原农民出版社	**网址：** http://www.zynm.com	
地址： 郑州市经五路 66 号	**邮政编码：** 450002	
办公电话： 0371 – 65751257	**购书电话：** 0371 – 65724566	

发行单位： 全国新华书店
承印单位： 河南安泰彩印有限公司

投稿信箱： Djj65388962@163.com
交流 QQ： 895838186
策划编辑电话： 13937196613　0371 – 65788676

开本： 787mm×1092mm　　　1/16
印张： 10.5
字数： 180 千字
版次： 2018 年 7 月第 1 版　　**印次：** 2018 年 7 月第 1 次印刷

书号：　ISBN 978 - 7 - 5542 - 1622 - 4　　**定价：** 69.00 元
　　　　本书如有印装质量问题，由承印厂负责调换

丛书编委会

本书作者

主　　编　　李晓明（沈阳农业大学园艺学院）
　　　　　　柯立东（福建江海苑园林工程有限公司）

参　　编　　叶积荣（缤纷园艺有限公司）
　　　　　　李晓红（辽东学院农学院园艺系）
　　　　　　王兆成（安徽农业大学林学与园林学院）

组稿与审稿　　孙红梅　　王利民

内容提要

　　观赏凤梨是重要的盆栽观花植物，深受人们喜爱。本书从观赏凤梨的品种特性、种苗繁育技术、大型设施建造及环境调控技术、周年生产技术、主要病虫害防治技术等方面进行了介绍。本书语言上力求简洁明快，通俗易懂，配备了大量的图片，科学性、实用性强，旨在推动观赏凤梨知识的普及和规模化生产技术的交流，既适合初学者和爱好者阅读了解，也适合观赏凤梨专业生产者参考使用。

前　　言

观赏凤梨原产于中南美洲,株形千姿百态,花序艳丽奇特,具有独特的魅力,是集观花、观叶和观果于一体的时尚花卉,被视为吉祥和兴旺的象征。

凤梨科植物的生长习性也很独特,有栖息在雨林中树木上的附生类型,有平展挺拔的地生类型,还有无须任何土壤和基质的气生类型等。不同的生境造就了凤梨科植物形态、生长习性和繁殖习性的差异,人们一般通过采取不同的驯化栽培技术和繁育方法来开发利用这一类资源。巴西是野生凤梨科植物资源最丰富的国家,而欧洲在过去的300多年中首先实现了人工栽培和规模化生产。

国外生产的观赏凤梨成品花于20世纪80年代进入中国,此后为逐步成长起来的国产成品花所取代。作为一种节日特色花卉,观赏凤梨在我国市场上的生产和销售经历了起起落落,但充满异域风情的观赏凤梨始终没有离开公众的视线。目前,观赏凤梨正在经历从节日消费向日常消费、从礼品消费向终端消费转变,在生产时必须制订详细的计划,周年生产,逐月供应。只有科学的管理、优良的产品品质和快捷的物流,才能使这一产业可持续发展。

国内有关观赏凤梨的专业类书籍已经出版了几部,从起源发展、资源种类和欣赏栽培等方面做了较为全面的讲述,但仍未能满足广大花卉爱好者了解观赏凤梨栽培生产过程的渴求。为了向读者详尽地介绍观赏凤梨的周年生产技术,作者在总结多年生产管理实践经验的基础上,参考了国内外一些专业文献,汇总了最新应用成果,编成本书。希望本书能为广大的花卉爱好者了解观赏凤梨生产提供方便,促进同行之间的学习交流,同时对观赏凤梨的开发利用和产业的健康发展起到推动作用。

本书由李晓明负责编写第一、第二、第三、第八部分,负责全书文字编排校对;叶积荣负责编写第四部分;柯立东负责编写第五、第六部分,负责全书技术问题校对;李晓红负责编写第七部分。柯立东和叶积荣提供了第四、第五、第六部分的大量图片,沈阳农业大学园艺学院孙红梅教授提供了部分品种的图片,王兆成同学提供了在青州生产基地拍摄的大量图片。书中还使用了少量网络上的图片,不能一一标出,在此表示感谢。此外,德瑞特种业有限公司寿光办事处主任李子昂先生提供了诸多的帮助。对于以上各位的参与和支持,我们在此表示衷心的感谢。

由于作者掌握的资料及本身知识水平有限,书中疏漏谬误在所难免,敬请同行和读者批评指正。

编者

2015 年 9 月

目录

一、概况
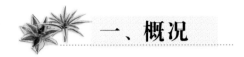

（一）产地、分布及发展简史

1. 产地与分布

在中南美洲的热带、亚热带丛林中或沙漠上,生长着一群色彩绮丽、仪态万方、习性奇特的植物——凤梨科植物(图1-1)。

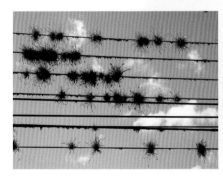

图1-1　凤梨科植物

在凤梨科植物中,人们最熟悉的莫过于经常食用的热带水果——菠萝(图1-2)。除了菠萝早已作为水果栽培外,更多的凤梨科植物被人们从山谷、丛林中"请进"了花圃和温室,进行驯化栽培,以供观赏,人们把它们统称为"观赏凤梨"。

图 1-2　菠萝

目前已经发现了凤梨科植物 3 170 多种,植物学家把这些种类分成更为细致的类群——属,以方便研究和开发。已经发现的凤梨科植物有 57 个属,每个属下面还要分为不同的种。这些种类的"老家"大部分在美洲的热带地区,少数在美洲的亚热带地区,还有一个种被发现在西非的热带地区(图 1-3)。

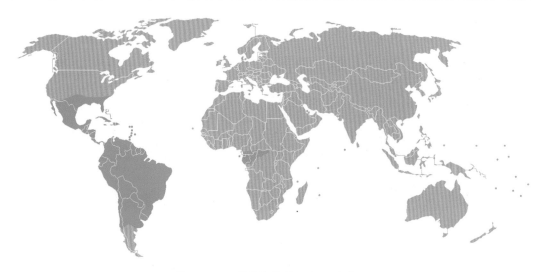

图 1-3　凤梨科植物的分布(绿色部分)

凤梨科植物的分布范围很广,在美洲,从北纬 36°到南纬 44°都能看到它们的身影。经过漫长时期的进化和自然选择,不同的凤梨种类已经能够适应各自的气候条件。无论是环境干旱和昼夜温差极大的沙漠,寒冷多风的高山林地,还是潮湿的海边沙地礁石,高温多雨的热带丛林,它们都能在那里繁衍生息。

2.发展简史

(1)**世界发展简史**　人类栽培凤梨的历史已有上千年。在凤梨的故乡加勒比海岸及南美诸地,凤梨被当作食物,制成纤维以及作为礼品使用。

1493 年,意大利探险家哥伦布到达西印度群岛和南美洲沿岸,发现当地的加勒比人食用菠萝,便把菠萝种苗带回西班牙栽植。菠萝很快被船员、水手们带到了许多热带地区栽种,风靡一时。菠萝的出现引起了人们对凤梨科植物的关注。

16 世纪初,很多船员和传教士从美洲的热带地区携带多种凤梨科观赏植物到英国。当时英国的皇家植物园引入了 16 种观赏凤梨,栽培于温室中,并定期开放供花卉爱好者欣赏和选购,开创了世界上首个观赏凤梨温室专类园。此后,德国、法国、荷兰等欧洲国家对凤梨科植物也产生了浓厚的兴趣,积极引种栽培。

18 世纪中期,一些凤梨科植物开始进入了欧洲居民家庭。18 世纪末期,法国植物学家朱素建立了凤梨科(Bromeliaceae)。与此同时,探险家、爱好者和植物学家陆续从各地收集到不同的凤梨科植物种类。

19 世纪中期,观赏凤梨在欧洲流行起来。1864 年英国皇家植物园已经栽培了 100 种。19 世纪末期,通过人工杂交选育的凤梨新品种陆续出现。

第二次世界大战后,德国、比利时和美国开始大规模发展凤梨产业。1950 年,美国率先成立了国际凤梨协会,开展普及凤梨科植物知识、推广新品种等工作。之后各地陆续出现了凤梨协会、栽培生产凤梨的贸易公司。一些专业育种、生产种苗及成品的公司日益发展壮大,在组织培养快速繁殖、栽培技术等方面不断完善,观赏凤梨逐渐成为一类畅销的室内花卉。

(2)中国发展简史 19 世纪初,来华的传教士带来一些观赏凤梨品种,栽于教堂的花园中,供装饰观赏。新中国成立初期,华南植物园和厦门植物园引种过少量凤梨种类。改革开放以后,很多国外生产的凤梨盆花纷纷进入中国,它们独特的风姿吸引了众人的目光,在我国沿海地区大中城市的数量有所增加。20 世纪 90 年代中期开始,在我国广东、广西、福建、海南等热带和亚热带花卉产地,逐渐出现观赏凤梨种植业,并借助现代园艺设施,逐渐形成了更大范围的规模化栽培。

进入 21 世纪,国内观赏凤梨产业发展迅猛,南方的生产规模、产量大幅度提高,品种越来越丰富,而价格也越来越理性。随着栽培技术的推广,种植区域逐渐向北方扩大,浙江、江苏、河南、山西和京津等地也陆续开展观赏凤梨的栽培。现在,作为一种日常花卉,观赏凤梨已遍布全国各地的花卉市场,不仅装点着商场、店堂等公共场所,也走入了寻常百姓家。

(二)周年生产现状

1. 种苗生产现状

凤梨虽然原产于美洲,却最先盛行于欧洲。目前,世界三大观赏凤梨种苗生产公司,荷兰的康巴克公司、比利时的爱克索特植物公司和德鲁仕公司依然是世界顶级的观赏凤梨种苗供应商,一直专业从事观赏凤梨新品种选育、种苗生产外销业务,产品覆盖了亚洲、欧洲和美洲大部分地区。

20世纪90年代,随着中国的改革开放,欧洲三大凤梨种苗公司看准了商机,纷纷进军中国市场寻求代理,推广各自的产品。2005年,德鲁仕公司在上海鲜花港建立了自己的品种研发和种苗生产基地,生产的种苗不仅在中国销售,还大量销往世界各地。2008年,爱克索特植物园艺(上海)有限公司成立,2010年已经在上海市金山区廊下基地建成1.5万平方米的现代化温室,年生产能力2 500万株;投资组建的3 000平方米组培室也已全部投入使用,现代化的设施为生产高品质的凤梨种苗奠定了坚实的基础。康巴克公司也在中国南方和北方分别设有代理机构,每年向中国市场投放观赏凤梨种苗数百万株。

从20世纪90年代中期开始,广东、福建等地的一些企业开始尝试研究观赏凤梨组织培养快速繁殖技术,并陆续取得成功,有的单位还进行了规模化的商品组培苗生产,使观赏凤梨种苗成本得以降低。21世纪初,国产观赏凤梨种苗繁育技术已经获得了快速发展(图1-4)。到2011年,国内自繁观赏凤梨种苗的数量增长幅度较大,海南、广东和长三角地区的部分厂商自繁的种苗数量增长明显。

图1-4 观赏凤梨苗

与此同时,进口种苗在中国全部实现本土化生产,生产成本有所降低,对国产种苗产生了不小的冲击。另外,国产种苗的品质虽然有较大幅度的提升,但与进口种苗相比依然存在一定差距,国产组培苗开花后会产生变异,缺乏均一性;受品种专利权的限制,进口优良品种的种苗无法进行组培繁殖。因此,目前国内观赏凤梨的生产中,进口种苗还占有很大比重。

2. 成品花生产现状

由于进口观赏凤梨热销,国内一些园艺企业逐渐开始尝试观赏凤梨国产化栽培,主要采用现代设施栽培技术,完全按照国际质量标准进行生产,部分品种生产技术日趋成熟,产品质量逐渐提高(图1-5)。广东省率先形成规模化、专业化生产,对观赏凤梨的国产化生产产生了积极的推动作用,一些品种的产量、质量、价格与进口观赏凤梨形成竞争优势。2000年以后,本土生产的成品花开始大批量上市,到2003年已经初具规模,产地也由华南地区逐步向北扩展到江、浙、鲁、豫等地。由于国产观赏凤梨产量稳步上升,销售区域也在扩大,进口成品花逐渐淡出国内市场。

图1-5　观赏凤梨现代化栽培(孙红梅提供)

同其他商品一样,近十几年间,观赏凤梨产业经历了几次大的起伏波动。最初的供不应求和高额利润客观上刺激了观赏凤梨产业发展,生产规模迅速扩大,供大于求、品质不整齐、上市量高度集中等问题凸显,从2008年年初价格大跳水,到2012年以后市场低迷,观赏凤梨产业经历严峻考验,直到2015年年底才有所回升。人们对待观赏凤梨的态度由盲目趋热逐渐回归理性。在激烈的竞争中,观赏凤梨行业面临重新洗牌,如何持续发展摆在每个生产企业和商家面前。

业界有识之士对此达成几点共识:①必须用品质来赢得市场,以让利来促进销售,提升品质、降低成本是必经之路。充分利用现有热能、水资源、地理优势等,在设施上不断改进,增加内外遮光系统,配合风机水帘,严格地控制夏季温度。在冬季使用薄膜、内保温幕等分隔温室加热增温空间,减少加热增温支出,寻求保证品质和降低成本之间最合理的平衡点。②调整品种结构,以一些品种为主打,同时不断引进新品种,满足不同层次、不同人群的需求,缓解人们的审美疲劳。③生产商要制订周年生产计划,将产量分散开,少量多批、月月供货,加大日常销售,既能提高温室的利用率,也能稳定供货量,减少节日货物积压的风险。④不断挖掘、引导新的应用领域,如租赁、鲜切花等,提高日常应用量。

随着生产技术的日渐成熟,市场机制日渐完善,人们对观赏凤梨的日益了解和喜爱,这一行业必将走上健康发展之路。

二、形态特征与生长发育特性

（一）生态习性

凤梨科植物的生态习性奇特,在不同的生长环境里有不同的生活方式,练就了"因地制宜"的生存本领。一些种类直接生长在地上,依靠根系吸收水分和营养生活,称为"地生类型"(图2-1)。还有一些种类干脆把自己挂在树木或电线上,仅仅靠叶片上的细小鳞片吸收空气中的水分生活,称为"气生类型"(图2-2)。而更多的种类则是附生在热带丛林中的粗大树干、枝条或岩石上,称为"附生类型"(图2-3)。

图2-1 地生类型凤梨

图 2-2　气生类型凤梨

图 2-3　附生类型凤梨

一般来说,地生型种类喜阳光充足、耐干旱,气生型种类喜高湿度的空气,而附生型种类喜欢高温多雨的环境且耐阴。

(二)形态特征

植物体均由根、茎、叶、花、果实和种子六部分构成,共同完成各阶段的生长发育、繁殖后代的任务。为了适应不同的生态环境,凤梨类植物的形态特征发生了很大变化,包括植株的整体形态、叶片的大小、色彩、结构以及根系的发达程度等。

1. 根

(1)**附生类型凤梨** 依附在大树、灌木等植物体上。须根褐色或黑色,不发达,数量很少,纤细而坚韧,主要起到固定植株、从支撑植物身上吸收很少量水分和营养的作用。

在人工栽培条件下,根系会逐渐变得相对发达起来,数量多,质地软,能够从基质中吸收更多的水分和养分。这类凤梨的根受损或完全无根,只要其他条件适宜,也能正常生长(图2-4)。

图2-4 附生类型凤梨的根

(2)**地生类型凤梨** 生长在土壤中。须根数量较多,相对发达,不仅起到固定植株的作用,还能吸收大量的水分和养分,供植株生长发育所需。

(3)**气生类型凤梨** 也称空气凤梨,生长在空气中。通常只有由种子发芽而来的幼苗才有根,成株没有根或有极少量的根。如果有根,由于暴露在空气中而呈现绿色,质地坚韧,主要起固定植株的作用,没有吸收水分和营养的功能。

2. 茎

常见的观赏凤梨一般茎极短,被叶片层层包裹,称为短缩茎,外观上看起来不明显(图2-5)。未开花时,植株的高度几乎就是叶片的高度。开花时,短缩茎的顶芽由营养芽变为花芽,再发育成花茎,从叶丛中抽出。多数观赏凤梨的花茎直立,长度从十几厘米到几十厘米,使花序高于叶面,如松果凤梨(图2-6)。有些观赏凤梨的花茎则是下垂生长,如垂花水塔花(图2-7)。还有一些种类的花茎则很短,不抽出叶筒,花序仅长出叶筒积水的水面之上,如彩叶凤梨(图2-8)。

图2-5 观赏凤梨的短缩茎

图2-6 松果凤梨的直立花茎

图2-7 垂花水塔花的弯垂花茎

图 2-8　彩叶凤梨的短缩花茎不抽出叶筒

3. 叶

（1）**叶片的形态和质地**　凤梨科植物的叶形独特，一般没有叶柄，短缩茎上每节都有抱茎的叶鞘，叶片直接从叶鞘上延伸长出。

常见栽培种类的叶片有 3 种形状：①宽带形，宽 4～6 厘米，呈弯垂状，常见的有星花凤梨、丽穗凤梨、珊瑚凤梨和水塔花等。其中，星花凤梨的叶片比较长，多为 35～60 厘米；而丽穗凤梨的叶片短，一般为 20～30 厘米。②窄带形，宽 1.5～2.5 厘米，如紫花凤梨。③线形和针状，如松萝铁兰等。

叶边缘形态也有所不同，星花凤梨、丽穗凤梨边缘多是光滑无刺或锯齿，珊瑚凤梨和水塔花一般有细齿，如粉叶珊瑚。原产地在干旱沙漠地区的种类，叶边缘常生有黑色或褐色的刺状锯齿，排列规律，看起来很像仙人掌类或某些肉质植物，这是植物为了适应干旱环境而保留下来的形态特征。

凤梨科植物的叶片质地种类很多，常见的栽培品种多为革质，质地柔韧，不易折断、破损。

（2）**特殊的构造——叶筒和鳞片**

1）叶筒　多数观赏凤梨的叶片相互抱合呈覆瓦状排列，叶片基部相互紧叠，形成一个不透水的组织，称为叶筒（图 2-9），也有人称之为叶杯。叶筒承担着类似储水器或水槽的作用。不同种类的叶筒口径大小不同，小的只有几厘米，大的可达数十厘米，储水量最多可达 3~5 升。叶筒结构对凤梨科植物的生长至关重要，在原产地，叶筒储水为植株提供水分，几乎不需要根系的吸收作用。水中所含有的少量溶解物还可以作为肥分提供给植株，由叶片基部的吸收鳞片吸收，提供植株所需的养分。

植株的生长点位于叶筒内，花芽分化也在叶筒内完成。平时，叶筒内需要保持一定量的水分。人工种植凤梨科植物时，营养液、水分、催花药剂都需要在叶筒内添加完成。

2）鳞片 鳞片是某些凤梨科植物的微型吸水设备。所谓鳞片是指植物

图 2-9 凤梨的叶筒

体表的表皮硬质化，出现多边形片状结构。迄今为止，只在凤梨科植物上发现了鳞片结构。扫描电子显微镜下观察到，松萝凤梨叶表面的鳞片由碟状细胞、环状细胞、翼状细胞组成（图 2-10），透过一些具有特殊结构的细胞与叶片内部的叶肉细胞相连，捕捉到的水分通过这条通道运送到叶肉细胞内。

图 2-10 扫描电子显微镜下观察到的松萝凤梨叶鳞片

　　鳞片的大小和密度决定了凤梨获取水分能力的大小,松萝凤梨表面密布的鳞片说明其具有较强的获取水分的能力。鳞片互相交错形成的非光滑表面有助于增强其表面黏附力,截留植物表面水分,并可有效解决水分过快散失的问题。松萝铁兰的叶片上布满了吸收鳞片,使原本绿色的叶片呈现银白色。

　　(3)**叶片的颜色**　凤梨科植物叶色亮丽,多彩斑斓。常见的叶色为绿色,还有银白、红、黄、粉、褐、紫、暗红近黑等色(图2-11、图2-12)。除此之外,叶色还有其他各种变化,如叶边缘呈金黄色或银白色,称为金边、银边(图2-13);叶中央纵向呈金黄色或银白色,则称为金心(图2-14)、银心;叶中央纵向生有多条金黄色或银白色细条,称为金线(图2-15)、银线(图2-16);叶表面生有许多浅色斑点,称为洒金(图2-17);叶片色泽深绿和浅绿形成色彩相间的横向斑带,称为虎纹或斑马纹(图2-18)。此外,还有在叶端出现彩色的红嘴类型,在叶筒处出现彩色的彩心类型等。

图2-11　彩叶(一)

图2-12 彩叶(二)

图2-13 银边

图 2-14　金心

图 2-15　金线

图 2-16　银线

图 2-17　洒金

图 2-18　斑马纹

叶片的颜色及变化,有些种类是从幼苗开始就表现出来,有的则是在生长过程中逐渐产生的,特别是在开花前后,中心叶由绿色逐渐着色,最后呈现鲜艳的彩色,目的是为了吸引昆虫的注意力,让昆虫为其完成传粉过程。

4. 花

(1) 花序　一定数量的小花及苞片按照不同的排列方式聚在一起组成花序。观赏凤梨的花序主要有穗状花序、复穗状花序、总状花序和圆锥花序等(图2-19)。种类不同,花序的大小相差很大,

穗状花序

复穗状花序

总状花序

圆锥花序

图 2-19　花序示意图

小的花序直径只有几毫米,大的能达到几十厘米。观赏凤梨的花序通常由叶筒中长出,多数种类的花序高于叶片,直立;还有些长出后弯曲下垂;另外有些只长出叶筒的水面。

(2) 苞片　苞片是位于正常叶和花之间的一片或数片变态叶,有保护花和果实的作用。观赏凤梨的整个花序就是由许多色彩艳丽的苞片包裹,苞片常见的颜色有红色、黄

色,也有粉、白、紫、深紫色及双色、复色等。苞片体积大,数量多,色彩丰富,持续时间长,是观赏的主要部位。

根据苞片的着生方式不同,又可分为两种类型:①着生在主花茎上的苞片,称为花茎苞片。②着生在小花茎上的苞片,称为小花苞片。

由于苞片的大小、数量、着生方式不同,花序的外观也呈现不同的形状(图2-20)。苞片在长长的花茎上螺旋状排列形成星状,如星花凤梨中的多数种类(图2-21)。而在短花茎上互相交叠呈覆瓦状形成剑形(也称扇形),如丽穗凤梨的多数种类(图2-22、图2-23)。还有花茎短缩成头状(图2-24)、穗状(图2-25)和垂穗状等。各种花序或端庄,或热烈,或优雅飘逸,姿态万千,惹人注目。

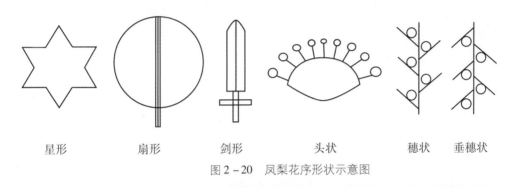

| 星形 | 扇形 | 剑形 | 头状 | 穗状 | 垂穗状 |

图2-20 凤梨花序形状示意图

图2-21 星形花序

图 2 - 22　扇形花序

图 2 - 23　剑形花序

图 2 - 24　头状花序

图2-25　穗状花序

（3）小花　凤梨科植物的花很小，直径在1厘米以下，有的甚至才几毫米。1朵小花有3个萼片，颜色因种类的不同而不同。3片花瓣，有黄色、红色、白色、紫色等。6枚雄蕊，花柱细长，3个柱头（图2-26）。子房下位或半下位，子房室内有多数胚珠。

凤梨类的小花颜色丰富而鲜艳，可供观赏，但是小花的花期很短，一般持续一天至数天即凋谢，很快失去观赏价值，因此，主要观赏部分实际上是花序上的苞片。苞片的色彩艳丽，可持续2个月以上，有些种类甚至能达到5～6个月，一直到结果或母株开花后死亡。

观赏凤梨营养体需要长到足够大时才能分化出花芽开花，自然开花时间非常漫长。经过人工催花诱导处理，植株能加快花芽分化，在全年中的任何时段都可以开花。

图2-26　花

栽培中可根据实际需要制订计划，有目的地催花，使之在需要的时间内开花。

5. 果实和种子

（1）**果实** 观赏凤梨的果实主要有蒴果、浆果和复果 3 种，其中最常见的是蒴果和浆果。

1）蒴果 是由复雌蕊构成的果实，成熟干燥时会裂开，散出种子，一些种子还生有冠毛（图 2－27），帮助其借助风力传播。种子一般都很小，只有几毫米长。常见的星花凤梨、丽穗凤梨、铁兰等蒴果所结的种子，细长，纺锤形，基部有长长的冠毛。果皮裂开之后，带着冠毛的干燥种子会随风飞舞，传播到不同的地方，遇到适宜的条件，萌发生长。

2）浆果 由一至几个心皮组成，外果皮膜质，中果皮、内果皮均肉质化，充满汁

图 2－27 生有冠毛的种子

液，内含多数种子（图 2－28），如珊瑚凤梨、彩叶凤梨等的果实。浆果在成熟后会变成红色、黄色、紫色、白色或黑色等。这些颜色鲜艳的果实会吸引鸟类、小动物来取食，从而达到传播种子的目的。浆果内生有粒状种子，种核外包着一层胶状物，帮助种子黏附在粗糙的树皮表面，在适宜的条件下发芽生长。

图 2－28 凤梨的浆果

3）复果　也称聚花果。是由整个花序形成的，花序轴肉质化，外表面常附有宿存的花萼片，如菠萝的果。

（2）**种子**　在自然界里，不是所有的凤梨科植物都能结果，许多种类还需要在昆虫或鸟类帮助下才能传粉结果。目前栽培的很多品种，其中有一些种类是没有花粉或者花粉败育的，也无法得到果实和种子。人工选育新品种时，对于那些能够开花结果的种类，可以通过人工控制授粉，得到自交或杂交种子；对于不能正常开花结果的种类，就不能通过有性杂交育种，只能通过其他的途径选育。

6.吸芽和冠芽

（1）**吸芽**　凤梨开花后植株逐渐衰老，此时从老株基部长出小植株，称为吸芽，也叫侧芽（图2-29）。观赏凤梨的多数种类都产生吸芽，每个老株能长出两三个至十几个吸芽，这与种类和品种有关。当吸芽长到一定大小时，用剪刀剪切下来，可进行营养繁殖。吸芽既可以直接上盆，也可以用作组织培养的外植体。

（2）**冠芽**　在凤梨老株浆果的顶端长出的小植株，称为冠芽。同吸芽一样，冠芽也可以用来进行营养繁殖（图2-30）。

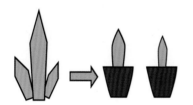

图2-29　吸芽繁殖示意图

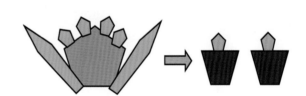

图2-30　冠芽繁殖示意图

（三）生长发育条件

1.光照

（1）**光照强度**　不同种类的观赏凤梨对光强的要求不同，成品与半成品的最适光照强度也有所不同。适宜的光照强度对于观赏凤梨非常重要，是决定其生长速度、植株形态、花形、花色的主要因素。在适宜范围内增大光照强度，将会促使叶片变短，使植株看起来更加紧凑，同时花形也会变大，花朵上色更快。但如果光照过强，叶片上会留下斑点，严重时会灼伤叶片。光照太弱则会造成植株徒长，色泽暗淡，叶片狭长，花序细弱失色等，斑叶、条纹等变种在弱光下斑点和条纹不明显，观赏价值降低。表2-1列出了常见种类的最适光照强度。

表 2-1 观赏凤梨主要栽培种类的最适光照强度

栽培种类	最适光照强度(万勒)
星花凤梨类	1.8 ~ 2.2
丽穗凤梨类	1.8 ~ 2
铁兰凤梨类	2.5 ~ 3
彩叶凤梨类	2.5 左右
珊瑚凤梨类	3 左右

总体来说,观赏凤梨的最适光照强度在 1.8 万 ~ 3 万勒,由此可见,观赏凤梨属于典型的弱光植物,需要在光照强度可控的环境条件下栽培,也适宜长期摆放在室内等弱光之处。

刚移栽的凤梨,15 天内适宜光照强度约为成品最适光照强度的 60%,苗期适宜光照强度为最适光照强度的 80% 左右,金(银)边、金(银)心、纵向条纹等变种所需的光照强度更大些,应增加 10% ~ 20%(图 2-31)。生产上大多采用双层移动遮阳网,根据季节、早晚及晴雨情况调控光照强度。

成株　　　　刚移栽　　　　苗期　　　彩叶变种成株

图 2-31 不同时期观赏凤梨对光照强度的要求

(2)**光照时间** 观赏凤梨每天需要 12 小时以上的光照。日照时数若能增至 15 ~ 16 个小时,观赏凤梨生长既快又好;若日照时数低于 12 个小时,会降低开花率。

2. 温度

观赏凤梨生长适温为 15 ~ 30℃,最适温度为 18 ~ 28℃。日温 25 ~ 28℃,夜温 18 ~ 20℃,昼夜温差 8℃ 左右时生长最快。温度 30℃ 时,生长速度略有下降,催花时容易烧心,并且花序颜色变淡,花期缩短。温度 35 ~ 37℃,有些种类生长严重受阻,植株生长缓慢,花型小。夜温 18℃ 以上时,花序生长速度快;夜温低至 15℃ 时,催花成功率低,花序生长缓慢,但营养生长正常;夜温 11 ~ 14℃ 时,营养生长速度下降,品质明显降低。如果温度长时间在10℃以下,叶片和苞片则会出现白斑、白尖或失色等现象,患部干后焦枯。温度5℃以下时,寒害严重。温度低于0℃,绝大多数的品种受冻致死。大规模生产,冬季温度(凌晨)至少要保持在15℃以上,最好要保持在18℃以上。

寒害程度取决于以下几个因素:①健壮与否。植株健壮则抵抗寒害的能力强。②叶筒有无储水。叶筒内储水的植株更易遭受寒害。③空气相对湿度高低。空气潮湿则受害严重。④多施氮肥还是多施磷钾肥。氮肥多而钾肥缺更易受冻。⑤降温速度快慢、降温幅度大小、低温持续时间长短。如果降温速度快、幅度大、持续时间长,则植株更易受害不易恢复。⑥不同的种类抗寒能力也有所不同,其中铁兰凤梨 > 丽穗凤梨 > 星花凤梨。

3. 水分

(1) **空气相对湿度** 观赏凤梨适合的空气相对湿度为50% ~85%,最适空气相对湿度为60% ~80%。空气相对湿度在80% ~85%时,若温度非常适合(18 ~28℃),并且光照强度略高于最适光照强度,生长也良好。若冬季阴雨天,空气相对湿度高于90%时,容易发生灰霉病。空气相对湿度低于50%时,容易造成凤梨叶尖枯萎和叶片内凹,特别是基部叶片。空气相对湿度低于50%时,如果气温高于32℃,叶片温度容易升高,这对观赏凤梨生长十分不利。

(2) **基质水分** 观赏凤梨在不同生长发育阶段对水分需求不同,幼苗阶段保持基质湿润;进入旺盛生长期,供给充足的水分;催花和开花期适当减少水分,控制营养生长,促进花序鲜艳。高温季节需要增加植株浇水量和浇水次数,保持基质湿润,寒冷季节需要适当降低水分含量。

4. 土壤(基质)

观赏凤梨的根系不发达,因此对土壤(基质)的要求是质地疏松透气,排水良好,不易分解,不含有害物质,能固定植株。基质呈酸性或微酸性,pH 值一般为5.5 ~6.5。常用作基质的材料有草炭、河沙、蛭石、珍珠岩、树皮、松针、椰糠、水草等,根据不同要求选取材料按照一定比例进行配制。一般选用草炭土作为基质,小苗用细炭土,中大苗用粗炭土。

5. 营养条件

观赏凤梨生长过程中需要氮、磷、钾等大量元素,添加镁、钙、硫等元素对于其正常生长非常必要。此外,铁、锰、钼等微量元素对于提高观赏凤梨品质具有重要作用。不同种类的观赏凤梨,处于不同生长发育阶段,对营养成分种类和需要含量也有差异。在营养生长阶段,星花凤梨对于氮、磷、钾肥($N: P_2O_5: K_2O$)的要求是1:0.3:2,丽穗凤梨为1:0.75:2.5,珊瑚凤梨为1:(1 ~1.5):(3 ~4),彩叶凤梨为1:0.5:(2 ~3),铁兰凤梨为1:1:2,每组配方中应加入营养成分总量12%的硝酸镁。而星花凤梨在花芽分化以后进入生殖生长阶段,所需氮、磷、钾、镁元素则要调整为1:0.4:2.4:0.2,而且还需要添加钙、硫等元素及铁、锰、钼等微量元素。

（四）观赏价值及应用

1. 观赏价值

凤梨科植物莲座状的叶丛、美丽的苞片、成串的果实,构成了美洲热带森林特有的异域风情,具有极高的观赏价值。

根据观赏的主要部位不同,可以分为观叶类、观花类和观果类三大类。三种类型没有特别明显的界限,有些类型既可作为观叶类,又可作为观花类、观果类。观赏凤梨的叶片修长优美,自然弯垂,叶色亮绿,质地坚韧,给人以赏心悦目的感觉。叶形和叶色的百般变化,莲座状的储水叶筒,覆盖在叶表具有吸收功能的银色鳞片,无一不在表明这类植物的奇异独特,与众不同。花序或挺立于众叶之上,或悬垂于叶群之外,或星星点点微露于叶筒水面,花形奇丽而富于变化,色彩丰富而热烈,呈现出万种风情。花开数月而明艳如初,作为观花种类正是实至名归。珊瑚属的一些种类,浆果的颜色鲜艳,数量多,形态美,可维持数月才凋萎脱落,是观果类型中的佼佼者。凤梨属的金边菠萝,也称斑叶凤梨、艳凤梨,单个鲜艳的大果实挺立于植株之上,观赏时间长,也是观果类型中的常见品种(图2-32)。

图2-32 观赏、食用俱佳的金边菠萝

2. 应用

（1）盆栽　目前，观赏凤梨主要是以盆栽的形式供人观赏。虽然凤梨科植物的原产地各不相同，生长习性差异很大，但是这些植物较强的适应能力为人工盆栽提供了可能。将附生的和地生的种类栽种在各种花盆、花器中，它们都能茂盛地生长。大部分观赏凤梨原生于热带雨林区，属于阴生植物，可在缺乏直射光线的室内长期摆放。而且，观赏凤梨的栽培管理也较为容易，不易产生各种病害。这些优势使观赏凤梨在世界室内盆栽观赏植物中占有十分重要的地位。观赏凤梨常用的盆栽形式有单株盆栽（图2－33）、多株盆栽（图2－34）和组合盆栽（图2－

图2－33　展会上的凤梨新品种单株盆栽

（孙红梅提供）

35）。盆栽凤梨常常被用于装点店铺（图2－36）、布置展会（图2－37、图2－38）等，其大气的姿态、华丽的色彩对视觉能起到很强的冲击力。

图2－34　星花凤梨多株盆栽

图 2 - 35　星花凤梨与大花蕙兰的组合盆栽(张淑红提供)

图 2 - 36　商家用凤梨盆栽装饰店铺

图 2 – 37　节日花市待售的布展凤梨盆栽

图 2-38 2010 年世博会中国国家馆中展出的观赏凤梨(柯立东提供)

（2）**其他应用** 在欧美有些地方,有的观赏凤梨作为切花,或者用于大型插花及装饰。国内还有生产者把金边菠萝专门作为切果种类进行栽培,成熟时把果实连同果柄一切剪下后再出售。有的观赏凤梨已用于室外园林美化种植,或者附植于树木枝干及岩石上,在我国华南地区园林中已有应用。

近年来,用姬凤梨类或铁兰类等小型凤梨作为基本素材,配上玻璃、陶瓷、金属、木材、塑料等质地的瓶、盘、篮、框等,制成瓶景、壁画、窗帘等,用于室内装饰的做法颇为流行,材料鲜活的质感达到了其他绘画手段不能达到的特殊艺术效果。江苏农林职业技术学院制作的空气凤梨植物壁画曾参加上海世博会组织的国际名优旅游产品展览会,也在首届全国休闲农业创业精品推介活动上亮相,令参观者耳目一新。另外,人们通过试验,研究出了以无根无土的凤梨编织成一种新型的活体植物窗帘,使其既具有植物遮阳的优势,又避免了常规垂直绿化过度遮阳的缺陷。

三、常见种类及品种

观赏凤梨常见的栽培种类有星花凤梨、丽穗凤梨、珊瑚凤梨、水塔花、彩叶凤梨和铁兰凤梨,在分类学上,每一类为一个属。近年空气凤梨在市场上深受青睐。空气凤梨是对无须土壤和基质,能够在空气中正常生长的多个凤梨种类的泛称,主要包括铁兰凤梨类,也有其他种类。目前生产上,大规模栽培的种类仍然以星花凤梨和丽穗凤梨为主。

(一)星花凤梨

1.概述

星花凤梨(*Guzmania*),也称果子蔓凤梨、擎天凤梨,全世界有100多种,主要分布于中南美洲的热带和亚热带地区,多生于热带雨林中,既有附生种类,也有地生种类。

(1)**识别要点** 植株外形为莲座状或漏斗状。叶片宽带形,绿色,也有斑点、斑纹或线艺变种,边缘光滑无锯齿,基部抱合紧密,在中央形成叶筒。穗状花序由叶筒中央抽出,花梗上生有叶状苞片,在植株的顶端形成星形或锥形的花穗。多数栽培品种的苞片呈现出红色、黄色、紫色或橙色等不同的艳丽色彩,常被误认为是植株的花,极具观赏价值。真正的花器官很小,黄色或白色,生于苞片之内,开放时才伸出苞片之外。

(2)**栽培分类** 生产销售中为了方便描述和交流,一般按照花序外形,把星花凤梨类分为星形花序、锥形花序和长穗花序三大类。生产上星形花序种类最多,如吉利(吉利红星);锥形种类较少,如火炬;长穗种类则更少。

按照花穗苞片颜色分类,在生产流通中更为简单直观,因此应用更广泛。一般把红色花穗种类称为红星,黄色种类称为黄星,紫色、紫红色种类称为紫星等。每一类中还包括多个栽培品种,如红星中的丹尼斯、黄星中的希尔达等。在生产中特别是销售过程中,往往还为一些品种取有满含吉祥、祝福之意的商品名,如丹尼斯又被称为鸿运当头。

2. 主要栽培品种

(1)平头红(图3-1)

1)品种名称 平头红。

2)主要特征 大型品种,株高50~60厘米,带状叶片绿色,花序星形,苞片深红色。

3)叶片 20~25片,长30厘米,宽3.5~4.5厘米,带状,边缘无刺,绿色,簇生于短缩茎上形成叶筒。

4)花 花序由叶筒中央抽出,生有许多叶状苞片,呈覆瓦状抱合于花梗上。基部苞片顶端绿色,顶部苞片深红色。小花浅黄色,隐于苞片之内。花期4~6个月。

(2)丹尼斯(图3-2)

1)品种名称 丹尼斯,又称鸿运当头。

图3-1 平头红

2)主要特征 中型品种,株高40~55厘米,带状叶片绿色,花序星形,苞片红色。

3)叶片 约30片,长30厘米,宽4~4.5厘米,带状,边缘无刺,绿色,簇生于短缩茎上形成叶筒。

4)花 花序由叶筒中抽生,叶状苞片鲜红色。小花黄色,隐藏于苞片之内,开放时仅露出花蕊。花期3~6个月。

(3)吉利(图3-3)

1)品种名称 吉利,又称吉利红星。

2)主要特征 大型品种,株高

图3-2 丹尼斯

50～70厘米,叶片绿色,植株细瘦,花序长、星形,苞片红色。

3)叶片　约30片,长30～40厘米,宽3.5～5厘米,带状,边缘无刺,深绿色,簇生于短缩茎上形成叶筒。

4)花　花序由叶筒中抽生,花梗上紧密排列着叶状苞片。苞片中上部深红色,中部以下苞片顶端为绿色。小花黄色,隐于苞片之内,开放时露出花蕊。花期4～6个月。

(4)**牡丹星**(图3-4)

1)品种名称　牡丹星,又称巨富星、富贵牡丹。

2)主要特征　大型品种,株高50～70厘米,叶片深绿色,花序星形,苞片橙红色。

3)叶片　约30片,长30～40厘米,宽4～5厘米,带状,边缘无刺,深绿色,簇生于短缩茎上形成叶筒。

图3-3　吉利

图3-4　牡丹星

4)花 花序较大,由叶筒中抽生,花梗上紧密排列着叶状苞片,高度常与叶面平齐。基部苞片深紫红色,顶部苞片橙红色至黄色,微卷曲。小花白色或近白色,隐于苞片之内,开放时露出花蕊。花期4~6个月。

(5)**白雪公主**(图3-5)

图3-5 白雪公主(孙红梅提供)

1)品种名称 白雪公主。

2)主要特征 大型品种,株高60~90厘米,花序星形,苞片红色,中心苞片尖端白色。

3)叶片 20~25片,长40~50厘米,宽4~5厘米,带状,边缘无刺,绿色,簇生于短缩茎上形成叶筒。

4)花 花序由叶筒中抽生,外面2~3层叶状大苞片红色,斜上展开,尖端暗红色,中部小苞片密集,亮红色,微微展开如莲瓣,尖端白色似雪,颜色艳丽。小花黄色,生于苞片间隙。花期4个月。

（6）小红星（图3-6）

图3-6　小红星

1）品种名称　小红星，又称千禧星。

2）主要特征　小型品种，株高15～30厘米，叶片绿色，花序星形，红色。

3）叶片　20～25片，长30～40厘米，宽2.5～3.5厘米，带状，边缘无刺，墨绿色，簇生于短缩茎上形成叶筒。

4）花　花序短，高不过叶面，由密生的红色叶状苞片组成。小花白色，隐于苞片之内。花期4个月。

（7）莎莎（图3-7）

1）品种名称　莎莎。

2）主要特征　中型品种，株高35～45厘米，花序星形。苞片红色，尖端绿色，顶部苞片淡红色。

3）叶片　20～25片，长30～40厘米，宽4～5厘米，带状，边缘无刺，墨绿色，簇生于短缩茎上形成叶筒。

4）花　花序由叶筒中抽出，基部花梗苞片绿色；中上部苞片红色，尖端绿色；顶部苞片淡红色，尖端和边缘红色。花期4个月。

图3-7　莎莎

(8)希尔达(图3-8)

1)品种名称 希尔达,又称黄星。

2)主要特征 中型品种,株高45～55厘米,叶片绿色,花序星形,苞片亮黄色。

3)叶片 20～25片,长30～40厘米,宽4～5厘米,带状,边缘无刺,绿色,簇生于短缩茎上形成叶筒。

4)花序:花序由叶筒中抽生,叶状苞片亮黄色,基部绿色。小花白色,生于苞片之内,开放时露出花蕊。花期4～6个月。

(9)阳光时代(图3-9)

1)品种名称 阳光时代,又译作善妮星、金阳星。

图3-8 希尔达

图3-9 阳光时代(孙红梅提供)

2）主要特征　大型品种，株高 60～75 厘米，叶片绿色，花序星形，苞片橙黄至亮黄色。

3）叶片　25～35 片，长 40～50 厘米，宽 4.5～5.5 厘米，带状，边缘无刺，绿色，簇生于短缩茎上形成叶筒。

4）花　花序由叶筒中抽生，叶状苞片基部暗橙黄色，向上逐渐过渡到亮黄色，背面暗橙黄色。小花白色，生于苞片之内。花期 4～6 个月。

（10）**露娜**（图 3－10）

1）品种名称　露娜。

2）主要特征　大型品种，株高 60～70 厘米，花序星形，苞片亮紫红色。

3）叶片　25～35 片，长 50～60 厘米，宽 4～5 厘米，带状，边缘无刺，绿色，尖端渐尖，簇生于短缩茎上形成叶筒。

4）花　花序由叶筒中抽生，叶状苞片亮紫红色。小花淡黄色，生于苞片间隙，很少伸出，开放时露出花蕊。花期 4 个月。

（11）**紫星**（图 3－11）

1）品种名称　紫星。

2）主要特征　大型品种，株高 50～55 厘米，花序星形，苞片紫红色。

3）叶片　25～30 片，长 40～50 厘米，宽 4～5 厘米，带状，边缘无刺，绿色，尖端渐尖，簇生于短缩茎上形成叶筒。

4）花　花序由叶筒中抽生，叶状苞片紫红色。小花淡黄色，生于苞片间隙，很少伸出，开放时露出

图 3－10　露娜（孙红梅提供）

图 3－11　紫星

花蕊。花期4个月。

(12)焦点(图3-12)

1)品种名称　焦点,又称火炬。

2)主要特征　大型品种,株高50~60厘米,花序锥状,小苞片红色集生,形似燃亮的火炬。

3)叶片　约30片,长30~50厘米,宽4~5厘米,宽带状,边缘无刺,墨绿色,基部紫红色,簇生于短缩茎上,形成叶筒。

图3-12　焦点

4)花　穗状花序由叶筒中央抽出,由密集的红色小苞片和黄色小花组成,集生成锥状,形如火炬。苞片亮红色,外面2~3层叶状大苞片斜上展开,尖端暗红色,中部小苞片呈鳞片状抱合成椭球形,尖端亮黄色。小花黄色,生于苞片间隙,很少伸出。花期4个月。

(13)火炬(图3-13)

1)品种名称　火炬。

2)主要特征　大型品种,株高50~70厘米,花序锥状,小苞片红色集生,形似燃亮的火炬。

3)叶片　约30片,长30~50厘米,宽4~5厘米,宽带状,边缘无刺,绿色,簇生于短缩茎上形成叶筒。

4)花　穗状花序由叶筒中央抽出,由密集的红色小苞片和黄色小花组成,集生成锥状,形如火炬。苞片亮红色,外面2~3层叶状大苞片斜上展开,尖端

图3-13　火炬

暗红色,中部小苞片呈鳞片状抱合成椭球形,尖端亮黄色。小花黄色,生于苞片间隙,很少伸出。花期4个月。

(14)松果(图3-14)

1)品种名称　松果,又名圆锥果子蔓、大火炬。

2)主要特征　大型品种,株高60~70厘米,花序锥状,红色,形似松果。

3)叶片　30~40片,长45~65厘米,宽4.5~6厘米,带状向下弯曲,墨绿色,边缘无刺,簇生于短缩茎上,形成叶筒。

4)花　穗状花序由叶筒中央抽出。叶状苞片短,墨绿色,基部及背面略呈暗紫灰色,竖直生长,几乎合抱于茎上;顶部小苞片深红色,尖端亮黄色,呈鳞片状抱合成圆锥形,集生于顶端。小花黄色,生于苞片间隙,开放时伸出。花期4~6个月。

图3-14　松果

(二)丽穗凤梨

1. 概述

丽穗凤梨(*Vriesea*),也称莺哥凤梨、彩苞凤梨、红剑等,种类较多,全世界约有200个原种,产于中南美洲的热带和亚热带地区,多数为附生种类,少数为地生种类。

识别要点　植株外形为莲座状,叶基部抱合形成蓄水槽。叶片短带状,边缘平滑无锯齿,绿色,有些品种的叶片上生有斑纹、条纹,或者金边、银边、金心、银心。穗状或复穗状花序从叶筒中央抽出,多数直立。苞片2列排列成剑状或扁穗状,因其形象而得名红剑、丽穗。花序单枝或多枝,苞片深红色、红色或黄色。小花管状,红色或黄色,开放时伸出于花苞片之外。

2. 主要栽培品种

（1）**卡图剑**（图3-15）

1）品种名称　卡图剑，又称红莺哥。

2）主要特征　中、小型品种，株高30～40厘米，花序扇形，苞片深红色。

3）叶片　20～25片，长30～40厘米，宽3～3.5厘米，薄肉质，带状，绿色，边缘光滑无刺，平展，外叶尖微向下弯，簇生于短缩茎上形成叶筒。

4）花　复穗状花序，有4～5个分枝，主枝较大，侧枝小。花穗椭圆扇形，每穗有2列深红色苞片，对称互叠，斜向上伸出。花期2～3个月。

（2）**火凤凰**（图3-16）

图3-15　卡图剑

图3-16　火凤凰（左）和黄金玉扇（右）

1）品种名称　火凤凰。

2）主要特征　中、小型品种，株高 30 ~ 40 厘米，花序剑形，多分枝，苞片鲜红色。

3）叶片　18 ~ 25 片，长 14 ~ 18 厘米，宽 3.5 ~ 5 厘米，短带状，浓绿色，富有光泽，边缘光滑无刺，斜上伸展，外叶尖部微弯，簇生于短缩茎上形成叶筒。

4）花　复穗状花序，有多个分枝，每个分枝形成一个剑形花穗，主枝和分枝都较长。苞片鲜红色。花期 2 ~ 3 个月。

（3）**黄金玉扇**（图 3 - 16）

1）品种名称　黄金玉扇。

2）主要特征　中小型品种，株高 30 ~ 40 厘米，花序扇形，苞片红色，末端渐变为黄色。

3）叶片　20 ~ 25 片，长 20 ~ 30 厘米，宽 2.5 ~ 3.5 厘米，薄肉质，带状，鲜绿色，边缘无刺，斜上伸展，外叶尖微向下弯，簇生于短缩茎上形成叶筒。

4）花　复穗状花序，有多个分枝，每个分枝形成一个长椭圆扇形花穗，主枝较大，侧枝小，一般 2 ~ 3 个。苞片红色，边缘渐变为黄色，鲜艳醒目。花期 2 ~ 3 个月。

（4）**芭芭拉**（图 3 - 17）

图 3 - 17　芭芭拉

1）品种名称　芭芭拉,又称立宝剑。

2）主要特征　小型品种,株高25~30厘米,花序剑形,苞片深红色。

3）叶片　15~20片,长20~30厘米,宽3~4厘米,短带状,墨绿色,边缘无刺,斜上伸展,外叶尖向下微弯,簇生于短缩茎上形成叶筒。

4）花　复穗状花序,有多个分枝,每个分枝形成一个扇形花穗。苞片深红色。花期2~3个月。

（5）彩苞（图3-18）

图3-18　彩苞

1）品种名称　彩苞。

2）主要特征　中型品种,株高35~45厘米,绿叶银心,花序剑形,苞片鲜红色。

3）叶片　15~25片,长25~30厘米,宽3~4厘米,短带状,墨绿色,叶片中心有银白色纵向条纹。边缘光滑无刺,斜上伸展,外叶尖向下微弯,簇生于短缩茎上形成叶筒。

4）花　复穗状花序,有多个分枝,每个分枝形成一个扇形花穗。苞片鲜红色。小花黄色,开放时伸出苞片外。花期3~4个月。

（6）卡丽红（图3-19）

1）品种名称　卡丽红。

2）主要特征　中型品种,株高40~50厘米,花序剑形,苞片鲜红色。

3）叶片　18~25片,长25厘米,宽3~4厘米,短带状,浓绿色,富有光泽,边缘光滑无刺,斜上伸展,外叶尖部微弯,簇生于短缩茎上形成叶筒。

4）花　复穗状花序,有多个分枝,每个分枝形成一个扇形花穗,主枝花穗较大。苞片鲜红色。小花白色,开放时伸出苞片外。花期3~4个月。

（7）斑马红剑（图3-20）

1）品种名称　斑马红剑,又称斑马莺哥、辟邪红剑。

2）主要特征　中型品种,株高35~45厘米,叶片上生有斑马纹,花序剑形,苞片鲜红色。

3）叶片　20~25片,长20~30厘米,宽2.5~3.5厘米,带状,边缘无刺,墨绿色与浅绿色相间形成斑马条纹,斜向上展开,簇生于短缩茎上形成叶筒。

图3-19　卡丽红

图3-20　斑马红剑

4）花 穗状单花序，由2列深红色的花苞片组成，高高伸出叶筒中央。花期2~3个月。

（8）安妮（图3-21）

1）品种名称 安妮，又称金凤凰。

2）主要特征 中型品种，株高35~50厘米，花序剑形，苞片金黄色。

3）叶片 20~25片，长20~30厘米，宽3.5~4.5厘米，带状，边缘无刺，鲜绿色有光泽，斜向上展开，簇生于短缩茎上形成叶筒。

4）花 复穗状花序，花梗直立，自叶筒中抽出，有8~10个分枝。由2列花苞片组成，花梗和花序基部艳红，端部黄色。小花黄色。花期2~3个月。

（9）莺哥（图3-22）

1）品种名称 莺哥。

2）主要特征 小型品种，株高约20厘米，花序剑形，花梗及苞片内部红色，苞片外围黄色。

3）叶片 15~20片，长15~25厘米，宽3~3.5厘米，宽带状，边缘有细锯齿，绿色有光泽，斜向上展开，簇生于短缩茎上形成叶筒。

4）花 花梗直立，自叶筒中抽出，2列花苞片排列疏松。花梗和花序沿花梗处艳红色，苞片黄色。小花黄色。花期1~3个月。

（10）伊维塔（图3-23）

1）品种名称 伊维塔。

2）主要特征 中型品种，株高约40厘米，花序剑形，花梗红色，苞片

图3-21 安妮

图3-22 莺哥

金黄色。

图 3 – 23　伊维塔(孙红梅提供)

3)叶片　20 ~ 25 片,长 25 ~ 35 厘米,宽 2 ~ 3 厘米,带状,边缘有细锯齿,墨绿色有光泽,斜向上展开,簇生于短缩茎上形成叶筒。

4)花　花梗直立,自叶筒中抽出,复穗状花序,有 6 ~ 8 个分枝,2 列花苞片金黄色。小花黄色。花期 2 ~ 3 个月。

（三）珊瑚凤梨

1. 概述

珊瑚凤梨（Aechmea），也称光萼荷凤梨、尖萼凤梨、蜻蜓凤梨。全世界约有150种，分布于南美洲亚马孙河流域的热带雨林中，多为附生种类。

识别要点 植株外形呈漏斗状或莲座状，叶基部抱合，在植株中间形成蓄水槽。叶片带状，边缘有大小不同的锯齿；多为绿色，有些种类上生有斑纹或者线型，并有金边、银边、金心、银心等变种。花序直立，从叶筒中央抽出，一般为穗状或圆锥形，基部生有红色或粉红色苞片。小花白色、黄色或红色，隐藏于苞片之内。少数种类的花序呈圆锥状或肉穗状，小花无苞片包裹。珊瑚凤梨的果实为浆果，圆球形。一些圆锥花序的种类，结实累累，果熟后如同红珊瑚。花序和果实都极具观赏价值。

2. 主要栽培品种

（1）粉叶珊瑚（图3-24）

1）品种名称 粉叶珊瑚，又称粉菠萝、银叶粉菠萝。

2）主要特征 大型品种，株高50～60厘米，叶被白粉，花序头状，苞片粉红色。

3）叶片 10～20片，长20～30厘米，宽5～7厘米，宽带状，先端钝圆有小突尖，叶缘密生深色细刺；外轮叶较长，张开，内轮叶较短，近直立。叶粉绿色，密被银白色鳞片，形成灰绿色虎斑状横纹。叶片簇生于短缩茎上形成叶筒。

4）花 花梗直立，自叶筒中抽出，淡红色。复穗状花序集生成头状，梗绿色，密被银色鳞片。粉红色外苞片较大，披针形，渐尖，边缘密生细刺；内苞片小，渐尖。小花蓝紫色，渐变桃红色，生于内苞片间隙。花期3个月。

图3-24 粉叶珊瑚

（2）**鲁氏珊瑚**（图3-25）

1）品种名称　鲁氏珊瑚，又称密花光萼荷。

2）主要特征　大型品种，株高50~60厘米，叶绿色带棕褐色，花序穗状紫色。

3）叶片　10~15片，长20~30厘米，宽5~7厘米，宽带状，叶缘密生细刺。外轮叶较长，张开；内轮叶较短，近直立。叶绿色带棕褐色，有金属光泽。叶片簇生于短缩茎上形成叶筒。

4）花和果　花梗直立，自叶筒中抽出。花序穗状，花梗及花萼紫色，密被银色鳞片。小花红色。浆果豆粒状，幼时乳白色，成熟时紫蓝色。

（3）**光叶珊瑚**（图3-26）

1）品种名称　光叶珊瑚，又称菲氏珊瑚。

2）主要特征　大型品种，株高50~60厘米，叶绿色，圆锥花序红色。

3）叶片　10~15片，长20~30厘米，宽5~6厘米，宽带状，叶缘有细锯齿。外轮叶较长，张开；内轮叶较短，近直立。叶橄榄绿色，叶背紫色，有金属光泽。叶片簇生于短缩茎上形成叶筒。

4）花和果　花梗直立，自叶筒中抽出，疏被银色鳞片。圆锥花序，花梗及片萼红色。小花蓝紫色。浆果豆粒状，熟时鲜红色。

（4）**蓝色探戈**（图3-27）

1）品种名称　蓝色探戈。

2）主要特征　大型品种，株高50~60厘米，叶绿色，花序穗状蓝紫色。

3）叶片　10~15片，长20~30厘

图3-25　鲁氏珊瑚

图3-26　光叶珊瑚

米,宽5~6厘米,宽带状,叶缘有细锯齿。外轮叶较长,张开;内轮叶较短,近直立。叶绿色,有光泽。叶片簇生于短缩茎上形成叶筒。

图3-27 蓝色探戈

4)花 花梗直立,自叶筒中抽出。花序穗状,花梗及花萼淡红色至淡紫红色,苞片蓝紫色。

（四）水塔花

1. 概述

水塔花（*Billbergia*），又称红藻凤梨、筒状凤梨，原产南美洲的热带和亚热带地区，约有60个原生种，多数为附生种类，少数为地生种类。

识别要点 植株外形莲座状，无茎或茎极短，叶片数量多，在基部抱合形成蓄水槽。叶片宽带状，革质较硬，表面有较厚的角质层和吸收鳞片，边缘有细锯齿。叶色多为绿色，有的种类有斑纹或斑点，也有金边、银边、金心、银心等变种。穗状花序从叶筒中央抽出，直立，也有些种类花茎细软，弯曲下垂。红色苞片包裹花梗。小花管状，集生于花梗顶部，外观呈球形或火炬形，有红色、紫红色、紫色或蓝色等多种颜色。

2. 主要栽培品种

（1）水塔花（图3-28）

图3-28 水塔花

1）品种名称 水塔花，又称红笔水塔花。
2）主要特征 中型品种，株高40~50厘米，叶绿色，短穗状花序红色。

3)叶片 10~20片,长30~50厘米,宽4.5~5.5厘米,宽带状,绿色,叶端尖锐,叶缘有锯齿,簇生于短缩茎上形成叶筒。

4)花 花梗直立,自叶筒中抽出。花序短穗状,密生成球状。苞片生于基部,红色。小花红色。

（2）**垂花水塔花**（图3-29）

图3-29 垂花水塔花

1)品种名称 垂花水塔花,又称狭叶水塔花。

2)主要特征 小型种类,多丛生,株高20~30厘米,叶绿色,穗状花序俯垂,粉红色。

3)叶片 10~15片,长30~45厘米,宽1~1.5厘米,带状,深绿色,边缘有细小的锯齿。

4)花 花梗纤细,长约30厘米,自叶筒中抽出,俯垂,叶状大苞片粉红色。小花6~12朵,花管状,小花萼粉紫色,花冠绿色,边缘紫色;花蕊长,伸出花冠筒之外,花药黄色。

(五)彩叶凤梨

1.概述

彩叶凤梨(*Neoregelia*),又称赧凤梨、羞凤梨等。同其他种类的凤梨相比,彩叶凤梨的叶色更加丰富多彩,斑驳夺目,成为著名的观叶种类。彩叶凤梨共有原生种30多个,主要分布于巴西,多为附生种类。

识别要点 植株筒状或莲座状,叶片基部抱合紧密,在中央形成蓄水槽。叶片数量多,一般20~25片,平展,顶端尖锐,边缘有锯齿;绿色、褐色或深红色,有各种金心、金边或洒金等变种。植株开花时,中央部分叶片变成红色,头状花序生于水槽中,埋藏于水中。小花粉红色、白色或蓝色,开放时从苞片中伸出,有的种类会散发香味,以吸引昆虫前来传粉。

2.主要栽培品种

(1)**彩叶凤梨**(图3-30)

图3-30 彩叶凤梨

1)品种名称 彩叶凤梨,又称五彩凤梨。

2)主要特征 小型种类,株高 20～30 厘米,植株呈鸟巢状,叶绿色,花期中心叶红色。

3)叶片 20～30 片,长 20～30 厘米,宽 3.5～4.5 厘米,带状,叶缘生有极其细小的刺。叶绿色有金属光泽,花期中心叶变为红色,是主要观赏部位。叶片簇生于短缩茎上形成叶筒。有金心、金边、银边和黄色纵条纹等多个变种,其中三色彩叶凤梨中央呈深红色,叶片绿色金心,形成绿、黄、红三色,尤具观赏价值。

4)花 短花序集生成头状,隐藏于叶筒中水面下,小苞片浅黄绿色。小花白色或蓝紫色,开花时伸出水面。

(2)**红嘴彩叶凤梨**(图 3 - 31)

图 3 - 31 红嘴彩叶凤梨

1)品种名称　红嘴彩叶凤梨,又称端红彩叶凤梨、美丽水塔花。

2)主要特征　中小型种类,高30~40厘米,植株呈鸟巢状,叶绿色,叶尖有红色斑点。

3)叶片　20~30片,长30~40厘米,宽4~5厘米,宽带状,先端钝圆,叶缘密生细刺。叶绿色,背面紫红色有白粉,叶尖有一个红色大斑点。

4)花　短花序集生成头状,隐藏于叶筒中水面下,小苞片黄褐色。小花蓝紫色,开花时伸出水面。

（六）铁兰凤梨

1. 概述

铁兰凤梨(*Tillandsia*),原产于美洲的热带和亚热带地区,整个属共有500多个原种,是凤梨科中最大的一类。除了一些附生或地生种类外,有很多气生种类,生长在空气中,不需要泥土或基质。这些奇特的气生种类被称为"空气草",它们分布在南美洲的平原、高山甚至干旱的高原荒漠中,常常依附在石壁、电线杆、电线或者仙人掌等植物上。只有少量气生根起固定植株的作用,几乎不用根吸收养分和水分,主要依靠密布叶面的银色鳞片从空气中吸收水分和养分,满足生长发育所需营养和水分的需要。

识别要点　植株莲座状、筒状、线状或辐射状。附生或地生种类的叶片多为宽带形,中央叶片抱合形成一个叶筒;气生种类的叶片多为披针形或线形,叶表面被有银白色鳞片,无叶筒。穗状花序从叶筒中央抽出,花穗上密生苞片,粉红色、绿色或银白色。小花生于苞片之内,有红、白、黄、绿、蓝和紫等颜色。

2. 主要栽培品种

(1) 紫花凤梨(图3-32)

1)品种名称　紫花凤梨,又称铁兰、粉掌铁兰。

2)主要特征　小型种类,高15~20厘米,叶线形绿色,穗状花序扇形,苞片粉红色,小花紫色。

3)叶片　20~30片,长20~30厘米,宽1~1.5厘米,宽线形,绿色,疏被银白色鳞片。

4)花　穗状花序由叶丛中抽出,扁扇形,由2列密生排列的粉红色苞片组

图3-32　紫花凤梨(孙红梅提供)

成。小花蓝紫色,开放时伸出苞片之外。

(2)松萝凤梨(图3-33)

图3-33 松萝凤梨

1)品种名称 松萝凤梨,又称松萝铁兰、老人须。

2)主要特征 气生种类,植株下垂生长,可达3米。茎线形,纤细,具有很多分枝。叶线形纤细卷曲,密被银灰色鳞片。小花腋生,黄绿色,有香气。

（3）小精灵（图3-34）

图3-34 小精灵

1）品种名称 小精灵。

2）主要特征 气生种类，植株矮小，高5～8厘米。短缩茎，叶披针形，长5厘米，宽0.5厘米，肉质，绿色，密被银白色鳞片。穗状花序短，苞片淡红色。小花筒状紫色，开放时黄色花药和白色柱头伸出花筒。

（4）鳞茎铁兰（图3-35）

图3-35 鳞茎铁兰

1）品种名称　鳞茎铁兰，又称章鱼铁兰。

2）主要特征　气生种类，植株矮小，高 15～20 厘米。叶基部膨大，叶片管状，端渐尖，不规则弯曲，长 15 厘米，宽 0.5 厘米，绿色，花期叶端变为淡红色或粉紫色。穗状花序，苞片红色。小花紫色，开放时露出黄色花蕊。

（5）气花铁兰（图 3－36）

图 3－36　气花铁兰

1）品种名称　气花铁兰，又称空气铁兰。

2）主要特征　气生种类，植株矮小，高 15～20 厘米。叶片披针形，丛生，端渐尖，绿色，表面密被银白色鳞片。穗状花序，常倾斜生长，苞片粉红色。小花紫色。

四、繁殖特性、方法和技术

观赏凤梨的繁殖,可分为有性繁殖和无性繁殖两大类。有性繁殖,是指通过植株开花授粉获得种子,再把种子播种在适宜的土壤或基质中获得幼苗,最后培养成植株的方法。无性繁殖,是指把植株的根、茎、芽等营养器官直接栽植到适宜的土壤或基质中培养成小植株的方法。无性繁殖,主要包括分株、扦插和组织培养。组织培养技术对操作要求严格,产量高,在现代花卉繁育技术中占有重要地位,本书中单独作为一部分进行介绍。

（一）有性繁殖

1. 人工授粉生产种子

凤梨类植物种子一般 1～2 周即可发芽,但发芽后生长速度极慢。自然状态下从发芽长至 2 片真叶需 3 个月,长至 3～4 片真叶需 6 个月,长至成苗开花需数年时间。因此,播种繁殖的速度极慢。但是,凤梨单株种子产量在千粒左右,繁殖系数很高。

市场上用于观赏的凤梨品种多为杂交种,在自然状态下很难获得种子,通过人工授粉等方法获得种子用来播种繁殖,其后代的性状也会发生分离,出现各种不同的类型,混杂而不整齐,难以得到性状优良、与母株一致的个体。因此,播种繁殖只适用于原生种种质保存和杂交选育新品种,并不用于商品生产。多数观赏凤梨种间、品种间人工控制杂交授粉都比较容易获得种子。在此简单介绍一下人工授粉生产种子的操作过程和注意事项,仅供参考。

（1）**人工授粉过程及采种**　花序长到本品种特定高度、苞片饱满、小花未开时,可以进行授粉准备。选择具本品种优良特性且健壮的花序,处理苞片。对于星花凤梨,首先剪除总苞片,几天后,根据小花的生长快慢陆续剪去每朵小花的苞片(图 4-1),丽穗凤梨只需剪去小花苞片(图 4-2-1)。去除小花苞片后,小花就外露出来,有利于生长及授粉。如果在较潮湿的环境中,还需先后剪除或切除萼片的中上部(图 4-2-2)、花瓣的上部(图 4-2-3),使雄蕊、雌蕊充分暴露,否则小花极易腐烂。在除去花瓣时应细心操作,避免伤害柱头和雄蕊。

图 4-1　星花凤梨除花苞过程

图 4-2-1　除去苞片的小花

图 4-2-2　除去萼片的中上部

图 4-2-3　除去花瓣的上部

　　待小花开放,开始授粉。每朵小花的寿命只有 2 天左右,需及时授粉,雌蕊的柱头分泌黏液时授粉最易成功(图 4-3)。授粉时段可以是上午 9～10 点,或者下午 3～5 点。

选取当日开放的小花,用镊子轻轻取下雄蕊,此时花药上布满了黄色的新鲜花粉,将花粉在柱头上轻轻涂抹几下即可。如果是有目的地杂交授粉,要挂上小牌,写明母本、父本的种名或品种名,授粉日期,挂于小花基部的花茎上(图4-4)。

约1周后柱头干缩,授粉成功后子房开始膨大,授粉后1个月左右,果实明显膨大,逐渐变成浅绿色、深绿色,而后转为褐色、黑褐色。当颜色转为黑褐色时,标志着果实和种子已经发育成熟。一般星花凤梨授粉后5~8个月果实成熟,丽穗凤梨4~6个月成熟。成熟时间还与种类、品种特性和环境温度有关。星花凤梨与丽穗凤梨均为蒴果,长约3厘米,直径约0.5厘米,3个心室。每个果实能产数十粒到200粒种子,一株可产上千粒种子。

图4-3 柱头分泌黏液时最适宜授粉

种子很小,细圆柱状,直径约0.2毫米,表面生有细茸毛。当果实变为黑褐色后,要及时采收。否则果实会开裂,种子容易被风吹走或散落在地。

(2)采种株的管理

1)适量留果 为促进果实及种子发育,采种株不宜过多留果,每株留3~5个果实即可。

2)早除吸芽 及时除去基部的吸芽,减少营养消耗,促使养分集中供给果实。去除吸芽应选择在晴天上午且盆土干燥时进行,此时茎部伤口不易腐烂而且容易愈合。

图4-4 挂满小牌的植株

3)种株生长条件管理 授粉株的最适生长温度为18~28℃,昼夜温差8℃左右时果实和种子生长发育最快。温室内昼温超过32℃或夜温低至15℃时,生长缓慢甚至停滞。可以通过遮光、风扇、水帘降温,或者在低温时采取保温或增温措施,满足果实发育需要的温度。光照强度的管理与生产管理要求相同。最适空气相对湿度为50%~60%,低于生产管理的湿度。在梅雨季节或冬季阴雨天的情况下,温室内相对湿度往往过高,对种株生长发育十分不利,容易发生花腐病。在管理中要控制浇水,开花授粉期间不能进行叶面喷肥,用熏蒸药剂代替喷洒药剂防治病虫害,采取适当的环境调控技术降低环境相对湿度。

4)肥水管理及病虫害防治　为了促进授粉株的生长发育,还要加强肥水管理和病虫害防治。授粉前半个月增施一次基肥,使用奥绿肥1号,用量为13厘米盆施肥2克。授粉期间,要适当增施磷、钾和镁肥。开花授粉期间常见的病害是花腐病,可选用45%百菌清或15%克菌灵烟剂,每次每亩用药200~250克;或者用10%速克灵烟剂,每次每亩250~300克,于密闭条件下熏烟防治。

2. 播种技术

大多数观赏凤梨的种子在脱离母体后很快失去活力,应随采随播。如果不能立即播种,应将采收的种子充分阴干装入种子瓶中,放在5℃左右冰箱中冷藏,需要避光避湿(图4-5)。有冠毛的种子要去掉冠毛保存。

图4-5　种子冷藏保存

(1)**基质播种**　可采用河沙、珍珠岩和草炭土混合,过细筛,加水搅拌,让基质湿透,如果经过高温消毒更好。育苗的平盘或者花盆,填入准备好的基质,用木板轻轻压平,将种子散播于基质表面,然后轻压一下,不需覆土,盖上塑料薄膜或玻璃板用于保湿。环境温度偏高时要在膜上或者玻璃板上遮阴,防止出苗后温度过高烤苗。在室温24~26℃条件下,7~14天即可发芽。实生苗具3~4片真叶时可移植于4~5厘米花盆中。凤梨的播种苗需要培养3~4年后心叶才能转色开花。

(2)**无菌培养基播种**　采下已经成熟但还未开裂的果实,放在纱网袋中用流动的净水冲洗15~20分。用75%的乙醇棉擦洗果皮,再用10%过氧化氢溶液或0.1%氯化汞溶液浸泡12分进行表面灭菌。再用经高温高压的无菌水冲洗3~4次,洗掉残留的药液,在超净工作台上用解剖刀切开果实,用镊子夹取出种子,播于固体培养基中。常用的培养基为1/2 MS + 2%蔗糖 + 1%活性炭。

采用无菌培养基播种,1个月左右即可发芽,发芽率达到80%以上。当植株长到4~5片真叶时,即可出瓶移栽于穴盘中。

（二）无性繁殖

1.分株繁殖

植株衰老后根茎基部自然长出吸芽，从母株分离吸芽另行栽植后，吸芽可自然生根，发育成新植株，故可用于分株繁殖。分株繁殖法适用于各种类型的观赏凤梨。金（银）边、金（银）心、斑叶等花叶变种用扦插或组织培养的方法繁殖，花叶会消失，只有用分株法繁殖，才能保持这些性状。

2.促进吸芽发生的方法

凤梨植株自然产生吸芽的数量有限，为了提高繁殖效率，一般采取破坏生长点、母株剪茎的方法促使发生更多的吸芽（图4-6）。

图4-6 母株剪茎促发吸芽

（1）**破坏生长点促芽** 将利刀对准生长点刺穿叶筒，垂直纵剖两刀，呈十字交叉形，切口长度3~5厘米，就可能达到破坏生长点的目的。1~2个月后，基部即可长出吸芽，每株10个左右。需要注意的是，在半个月以内心部严禁进水，否则心部极易腐烂。

（2）**剪茎扦插促芽** 将老茎横切成2~3厘米厚的切片，切口涂上草木灰后立即抖掉，阴干1~2天后插于沙床，1~2个月后茎段上也能长出吸芽。

3. 分株操作技术要点

当吸芽长至 12～15 厘米高时,用锋利的刀切下,除去基部 3～4 片小叶,置于阴凉处晾干伤口。两天后,将吸芽扦插于事先用 0.1% 高锰酸钾溶液消过毒的沙床,使沙埋到植株根颈以上 2～4 厘米处,让植株稳固直立即可,不宜太深,心叶或叶筒中必须保持干净。插好后浇一次透水,保持叶筒中有水。沙床应处在光照强度为 8 000～10 000 勒弱光、气温为 18～28℃ 的环境中,根部温度最好控制在 20℃ 左右。1 个月后即可长出小的须根,再过 1～2 个月后根系长好,此时可将凤梨移植到 9 厘米的花盆中。

特别提示 因吸芽无根,不能吸收养分,而且切割时带有伤口,不宜直接插入基质中,特别是透水透气差的基质,更不宜添加肥料。

4. 分株后的管理

保持沙床湿润,避免积水,不利于生根,甚至引起腐烂。勤喷细雾,保持空气相对湿度 80% 左右。室温维持在 18～28℃。若是沙床,温度偏高些,在 20℃ 左右,更有利于快速生根。

(三) 组织培养技术

植物组织培养技术,简称组培技术,是指在无菌和人工控制的环境条件下,利用人工培养基,对植物的胚、器官、组织、细胞和原生质体进行离体培养,使其再生发育成完整植株的过程。用于培养的植物的胚、器官和组织等,通常称为外植体。由于外植体脱离了母体,因此,植物组织培养又称植物离体培养。

组培对环境条件和操作技术要求非常严格。绝大多数操作在无菌条件下进行,要求培养器皿、器械、培养基和外植体处于无菌状态,还必须有专门的操作场所、专门的仪器设备和技术程序。

1. 组培室的布局

组培室布局要考虑以下几个问题:①组培最怕的是污染,选位置时要看周边的环境是否干净,不能有污染源,比如产粉尘比较多的工厂,散发污染废气的企业等;②地势不能过低,特别是南方,在梅雨季节里,地势低的组培室周边、内部湿度高,霉菌污染会比较高,对控制污染不利;③组培工厂化生产需要人工多,是劳动密集型的产业,选建组培室要考虑交通方便、生活比较便利的位置,有利于招人和留人。

组培室一般包括配剂室、培养基消毒室、培养基储存室、接种室、培养室、出货室和洗涤室等几个组成部分。

（1）**配剂室** 也称准备室，用来储备药品、配剂母液和培养基。

（2）**培养基消毒室** 培养基灭菌，生产上常用的是双门高压锅，培养基消毒后直接移到培养基过度间，培养基凝固后再进培养基储存室。

（3）**培养基储存室** 储存灭菌好的培养基以备用，储存间洁净度要求 10 000 级。

（4）**接种室** 接种转瓶，是人员最多的工作场所。常用接种台是水平接种台，接种室的洁净度要求是 10 000 级。

（5）**培养室** 培养室大小以容纳 10 万瓶苗为宜。培养室太大，温度不容易控制。培养室的温度控制在 25℃ ±2℃，可通过空调来调控。瓶苗需要的光照由人工光源提供。

（6）**出货室** 出瓶苗和空瓶。

（7）**洗涤室** 为清洗瓶具的场所。

2.组培设备

组培室配有专用设备，包括洗涤设备、配剂设备、灭菌设备、分装设备、接种设备、培养设备和其他辅助设备。

（1）**洗涤设备** 主要为洗瓶机，清洗组培瓶具所用，放置在洗涤室内（图 4－7）。

图 4－7 洗涤设备

（2）**配剂设备** 百分之一电子天平、万分之一分析天平、pH 测试仪、培养基自动分装机等。

（3）**灭菌设备** 高压灭菌锅用于培养基灭菌，有立式灭菌锅（图 4－8）和卧式灭菌锅（图 4－9）。培养基要先在灭菌锅中灭菌后，再进行分装。

图4-8 立式灭菌锅

图4-9 卧式灭菌锅

（4）**分装设备** 培养基在灭菌锅中灭菌后，通过专用管道（图4-10）进入分装机，再进入与超净工作台连接的接口，由工作人员进行分装（图4-11），方便高效。

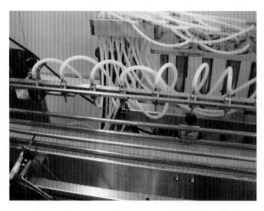

图4-10 分装机专用管道

图4-11 工作人员分装培养基

（5）**接种设备** 主要有接种台、消毒器和接种工具。接种台也称超净工作台，按送风方向不同分为垂直机和水平机；按同时操作人数分为单人台和双人台（图4-12），是无菌接种的操作台。消毒器有电热灭菌器和红外线灭菌器,用来在操作台上给接种工具灭菌。接种工具主要包括手术刀、镊子、玻璃培养皿或不锈钢皿。

图 4 - 12　双人台和单人台

(6)**培养设备**　主要是培养架和灯管。培养架(图 4 - 13)一般设计 7 层,每层距离 35 厘米左右。多数组培室最常用的灯管是 T5、T8 灯管。最好的光源是 LED 冷光源灯管,发热极少,节能,有的组培室已经开始使用。

3.培养基的成分与配制技术

培养基是供植物组织生长分化用的人工配制养料,包括大量元素、微量元素和某些有机成分。此外,

图 4 - 13　培养架

还有蔗糖,它是细胞生命活动的能源,对细胞启动分化也有一定作用。琼脂是固体培养基中常用的凝固剂,起凝固以支撑外植体和陆续释放营养的作用。

培养基的种类很多。常用的凤梨培养基为 MS 培养基。一般先配制成母液,放置在

低温下保存。在配制培养基时取出母液,按照一定浓度稀释成为工作液。表4-1列出了MS培养基母液的主要成分和配制浓度。

表4-1 MS培养基母液的主要成分及配制浓度

母液代号	药剂	工作液浓度(毫克/升)	称取量(克)	定容体积(毫升)	倍数	1升培养基吸取量(毫升)
A 大量元素	1.硝酸钾	1 900	95			
	2.硝酸铵	1 650	82.5	1000	50	20
	3.七水硫酸镁	370	18.5			
B 大量元素	4.二水氯化钙	440	44	1 000	100	10
C 大量元素	5.磷酸二氢钾	170	17	1 000	100	10
D 大量元素	6.二水乙二胺四乙酸二钠	37.3	3.73	1 000	100	10
	7.七水硫酸亚铁	27.8	2.78			
E 有机成分	8.肌醇	100	10	1 000	100	10
	9.甘氨酸	2	2			
	10.烟酸	0.5	0.05			
	11.盐酸吡哆醇(维生素 B_6)	0.5	0.05			
	12.盐酸硫胺素(维生素 B_1)	0.1	0.01			
F 微量元素	13.四水硫酸锰	22.3	2.23	1 000	100	10
	14.七水硫酸锌	8.6	0.86			
	15.硼酸	6.2	0.62			
	16.碘化钾	0.83	0.083			
	17.二水钼酸钠	0.25	0.025			
	18.六水氯化钼	0.025	0.002 5			
	19.五水硫酸铜	0.025	0.002 5			

按照不同培养阶段所起的不同作用,培养基又可分为诱导培养基、继代培养基、生根培养基三类。诱导培养基的作用是将外植体原已分化的细胞脱分化变成能分裂的幼龄细胞。继代培养基的作用是为了已诱导出来的组培苗能够继续正常生长以及可以不断进行无性增殖。生根培养基是为已长成的组培苗能长出根系,成为完整植株。它们都是在MS培养基的基础上,通过添加不同种类、不同浓度的植物生长调节剂,达到不同的培养目的。不同品种、不同培养阶段需要的培养基会有一定的差异。

(1)**诱导培养基**

1)常用的诱导培养基 1/2 MS + KT 0.5 + CPPU 0.3 + NAA 0.5 + SU 20

2)配制方法　1/2 MS 表示母液 A 吸取表 4 – 1 中的一半,其余按照表中所示吸取,配制成工作液。此外,添加 6 – 糠氨基嘌呤(KT,也称细胞激动素),浓度为 0.5 毫克/毫升;氯吡苯脲(CPPU),浓度为 0.3 毫克/毫升;萘乙酸(NAA),浓度为 0.5 毫克/毫升。添加蔗糖(SU,白砂糖),浓度为 20 毫克/毫升;琼脂条或琼脂粉 6 克/升,溶化后用 0.1 摩尔/升的氢氧化钾或 0.1 摩尔/升的盐酸调节 pH 至 5.5 ~ 5.8。

(2)**继代培养基**

1)常用的继代培养基　1/2 MS + KT 2 + ZT 0.3 + NAA 0.2 + SU 30

2)配制方法　1/2 MS,添加 6 – 糠氨基嘌呤,浓度为 2 毫克/毫升;玉米素(ZT),浓度为 0.3 毫克/毫升;萘乙酸,浓度为 0.2 毫克/毫升;蔗糖,浓度为 30 毫克/毫升;琼脂条或琼脂粉,浓度为 6 克/升。配制方法同前。

(3)**生根培养基**

1)常用的生根培养基　MS + NAA 0.5 + AC 0.5 + SU 20

2)配制方法　MS,添加萘乙酸,浓度为 0.5 毫克/毫升;活性炭(AC),浓度为 0.5 毫克/毫升;蔗糖,浓度为 20 毫克/毫升;琼脂条或琼脂粉 6 克/升。配制方法同前。

4. 灭菌技术

灭菌是组织培养的核心技术。真菌和细菌污染是组培污染的主要类型。保持环境洁净、培养基彻底消毒、外植体彻底消毒、接种操作要尽量保证无菌,才能克服污染。

(1)**环境灭菌**　主要有臭氧消毒、紫外灯消毒、高锰酸钾和甲醛熏蒸消毒等方法。

(2)**培养基灭菌**　比较有效的消毒方法是培养基先经过蒸汽高压锅灭菌,灭菌时保持 1 ~ 1.2 千克/厘米^2 压力 20 分,然后通过管道与超净工作台相连,在超净工作台上趁热分装,放至冷凝后使用。分装所用的培养容器以透气较好的大玻璃瓶或塑料盒为好。

(3)**外植体灭菌**　常用 75% 乙醇溶液、0.1% 升汞溶液、次氯酸钙、过氯化氢溶液分别浸泡外植体进行消毒。

(4)**接种器械灭菌**　接种所用的解剖刀、剪刀、镊子、玻璃器皿、不锈钢盘等,用报纸包严,置于压力锅中,在 1 ~ 1.2 千克/厘米^2 的压力条件下灭菌 25 ~ 30 分,解剖刀、剪刀和镊子每次使用后在电热灭菌器 280 ~ 300℃ 中至少灭菌 15 秒,使用才安全。

5. 外植体种类及处理技术

(1)**外植体种类**　可以取材作为外植体的部位有茎、侧芽和花序。为减少生产中出现变异苗,通常取的外植体是茎(图 4 – 14)和侧芽(图 4 – 15)。

图 4 - 14 卡图剑的茎外植体

图 4 - 15 希尔达的侧芽外植体

（2）**外植体剥离** 为使外植体消毒更加彻底，在取材之前，先要用洁净的水冲洗根部种植用的草炭土、水草等基质，冲洗叶筒，然后倒扣晾干，3～4 天后表面没有水珠时可以取材。首先用锋利的刀切去黑色的根颈，逐层剥去叶片（图 4 - 16、图 4 - 17），留出白嫩的茎心部位，再转移到超净工作台上进行消毒。

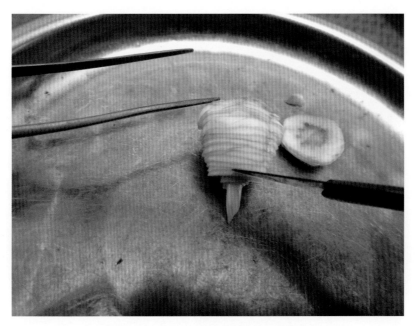

图 4 – 16　剥离好的卡图剑的侧芽外植体

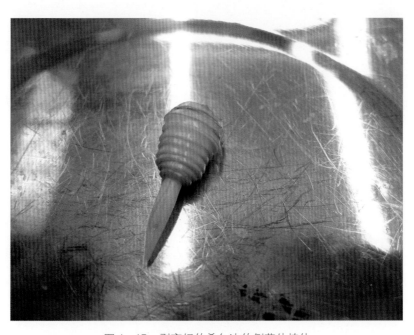

图 4 – 17　剥离好的希尔达的侧芽外植体

（3）**外植体消毒**　外植体剥离好后，进行表面消毒。先倒入 75% 乙醇溶液，没过外植体，浸泡 15 秒左右，立即倒出乙醇，倒入升汞溶液，浸泡 30 ~ 35 分，消毒成功率 80% 左右。外植体消毒后，放在接种盘里，用解剖刀切去外植体底部和顶部的部分材料（图 4 – 18），主要是为了切除旧的坏死的伤口，露出新的伤口，促进外植体快速长出愈伤组织。

图 4 - 18　切除外植体顶部和底部材料

图 4 - 19　外植体接种到诱导培养基中

6.接种和培养

（1）**诱导培养**　在接种台上将切好的外植体迅速接种到事先准备好的诱导培养基中，底部切面贴在培养基表面，迅速盖好瓶口（图4 - 19），每瓶接种1个。注意接种过程中镊子、解剖刀等用具每次用完再插入灭菌器上灭菌，在接触外植体前要稍晾一下，以免烫伤，影响培养效果。为防止烫伤外植体，提高工作效率，可以采用2～3套接种工具轮换用。

接种后先放置于暗室中培养1周，目的是防止褐化。然后转入培养室进行正常培养，培养条件为光照12小时/天，光照强度2 500勒，相对湿度控制在30%～40%。经过25～30天，外植体的周围一圈会膨大（图4 - 20），开始生长，45～50天后外植体的周围开始长出小芽（图4 - 21）。

图 4 - 20　外植体周围开始膨大

图 4 - 21　接种 50 天左右的芽体开始长出小芽

（2）**继代培养和复壮**　诱导培养 60 天左右要及时进行第一次转瓶，仍然转入诱导培养基，再培养 45 天左右，外植体周围小侧芽继续不断长出，形成一个芽团或者苗丛（图4 - 22）。外植体长成芽团后可以进入继代培养，将长满芽的外植体切成 3 ~ 4 块（图4 - 23），分别接种到继代培养基里培养，进行芽长芽繁殖。在继代培养基里，丛芽会不断进行芽增殖，又长成芽丛，这样反复继代 4 ~ 5 代（图4 - 24），一个外植体会被扩繁出几十株至几百株小苗来。第六代后要进行瓶苗复壮，

图 4 - 22　转瓶后继续培养 90 天左右形成芽团或者苗丛

复壮培养基 1/2 MS + Ad 10 + NAA 0.5 + SU 30，其中 Ad 为腺嘌呤，浓度单位和配制方法同前。

图 4 - 23　切割芽丛用于继代培养

图 4 - 24　经过 4~5 次继代培养形成苗丛

（3）**生根培养**　复壮后的瓶苗长到 3 厘米高时可以进行生根培养。把丛苗切成小丛或单株（图 4 - 25），接种到生根培养基里，瓶苗在生根培养基上培养 30 天左右开始长根，45 ~ 50 天苗长得很健壮，根系也很好（图 4 - 26），这时非常适合炼苗培养。

图 4 - 25　苗丛被分切成单株

图 4 - 26　经过 45 ~ 50 天生根培养的瓶苗

7. 驯化与移栽

（1）**驯化** 生根瓶苗在培养室培养1个月左右,可以转到有水帘-风扇的温室内,进行炼苗前的驯化培养,此时不需开盖。驯化培养温度要保持在25℃±3℃,光照强度可控制在3 000~5 000勒。驯化培养15~20天后,瓶苗可以开始移栽炼苗。

（2）**移栽炼苗** 从生根瓶里取出苗,洗净培养基,进行瓶苗分级,一般按照大小分成5个等级。常用的种植基质为观赏凤梨小苗专用的无肥草炭土,容器为50厘米×30厘米×10厘米的泡沫盘。在盘中装填基质3~4厘米,抹平表面,可以移栽。行距为2厘米左右,每行株距1.5~2厘米(图4-27)。

图4-27 移栽小苗

种满一盘要及时浇透1 500倍的百菌清或甲基硫菌灵水溶液,目的是起到消毒和定根作用。瓶苗移栽好后,整齐地摆放在水帘-风扇温室的苗床架上养护,前期光照要控制在3 000~5 000勒,最高不超过6 000勒。经过大约150天的炼苗后,根据苗的大小强弱进行分级上穴盘,正常分8~12个等级,穴盘上培养90~150天可以上9厘米小盆,进入生产管理阶段。

五、现代化温室设计建造

观赏凤梨生产属于高投入、高产出的农业产业,生产过程中的机械化程度高,必须在可调控的设施环境内进行。在福建、广东等地,多使用现代化连栋温室设施。经过二十多年的生产实践,已经积累了丰富的经验,摸索出了一条符合我国国情的设施生产道路。

（一）温室的标准

首先必须能够满足植物生长的需求,即通过一定的调节手段,能够达到符合植物生长要求的温度、光照、空气相对湿度和通气等条件。其次,在保证符合以上要求的前提下,设计上要降低建造成本,节约材料,方便日常维护。第三,要降低运营成本。现代化温室遮阴、降温、加湿等操作要使用电力,加热增温要使用柴油、煤炭等,耗能很大。如何降低能源消耗,始终是温室建造者要考虑的重要问题。另外,还要高度重视各方面的安全问题,如连续供电保证设施正常运行的能力、防火、抗击台风等问题。

（二）节能型水帘－风扇温室设计要点

1. 选址

建造温室,要选择气候条件好的地方。最好选择在冬暖夏凉、台风少、地势平坦的地方建造温室。光照条件好,特别是冬季阳光充足,白天温室内升温快,适合的温度持续时间长。

在多山少平原的省份,15°以下的缓坡也适合建梯田式温室,可选择西南坡中段,最好北面紧贴高山屏障、南面为开阔的马蹄形地形,这种地形冬季温暖,夏季凉爽。

2. 建造相对较矮的水帘－风扇温室

（1）**举架相对较矮的温室更具优越性** 在温室发展初期,举架6~7米的高温室曾经盛行一时。在没有安装水帘、风扇的前提下,高度越大,通风条件就越好,缓冲能力也就越强。但是,其建造成本高,运行成本也高,抗台风能力差,调控温度的能力有限,已经不能适应现代化生产高效、节能、环保的要求。目前,大多建造安装有水帘、风扇、举架相对低矮的温室,大大提高了调控温度和光照的能力(图5-1、图5-2)。在一定范围内,水帘-风扇温室高度越低,换气速度就越快、降温能力就越强;冬季,周围四墙散热面积小,便于保温,而且热量集中于植物生长层。表5-1通过对比高、矮两座温室的性能,充分说明了相对较矮的水帘-风扇温室的优越性。

图5-1　相对较矮的温室(水帘面)

图5-2　相对较矮的温室(风扇面)

表5-1　高矮两座水帘-风扇温室性能对比

对比项目	矮温室	高温室
温室肩高(天沟高度)(米)	2	4
外层薄膜顶部的高度(米)	3.7	6.2
*温室总体高度(上层外遮阳网)(米)	5	6.8
温室南北长度(米)	42	63
温室东西长度(米)	120	80
单位面积造价比	3	5
单位面积增温耗油比	3	4
单位面积降温耗电比	7	10
抗台风能力	强	弱
维修	容易	困难
夏季温室内最高温度(℃)	28~30	30~32
冬季热量集中区域	生长层	高于生长层

*注:较矮的水帘-风扇温室,总高度为5米,安装上、下两层外遮阳网;而高的温室只安装一道外遮阳网,但它的高度已达6.8米。

（2）**温室结构参数**　经过多年的实践验证,反复地计算比较,总结出性能较好的温室结构,见表5-2。

表5-2　性能较好的温室结构参数

项目	参数
温室肩高(米)	2~2.2
外膜顶部高度(米)	3.6~4
温室总体高度(米)	4.8~5.2
*温室南北长度(米)	30~45
温室东西长度(米)	根据场地而定
单拱跨度(米)	5左右

*注:因钢管的长度大多为6米,为方便温室建造,温室的南北长度(即水帘、风扇间距)以6的整倍数为佳,例如42米。

3.塑料薄膜温室优于玻璃温室

塑料薄膜温室与玻璃温室相比,在性能上有很大的优越性(表5-3)。在上海以南无大雪的地区,建议使用塑料薄膜作为温室顶部的覆盖材料。

表5-3　塑料薄膜温室与玻璃温室性能比较

对比项目	玻璃	薄膜
厚度(毫米)	5	0.1~0.13
传热系数[瓦/(米²·开)]	6~6.2	6.3~6.4
重量(千克/米³)	2 500	935
*最高温度(℃)	过高	30 以下
耐久性	碰击易碎	易老化
透紫外线	差	优良
框架	笨重	轻便
维修	困难	容易
价格	昂贵	便宜
保温性能	相差无几	

*注:最高温度指的是夏季温室内最高温度,塑料薄膜温室使用水帘、风扇,最高温度可降到30℃以下。

4.遮阴系统

完备的遮阴系统有利于调节温度和光照。通常安装单层或双层外遮阴装置与一层内遮阴装置,共同协调完成光照调节功能。

(1)**外遮阴**　外遮阴包括顶部平面遮阴和侧面斜遮阴两个部分(图5-3)。

1)平面遮阴　温室顶上一般采用单层遮光率为60%左右(所有的遮光率均指实际遮光率,非标称遮光率,下同)的活动遮阳网,以黑色百吉网为佳,经久耐用。或者采用双层遮光率均为40%的活动遮阳网,均由电动控制,可以大大提高光照和温度的调控能力。为保证良好通风,两层遮阳网上下间隔应为0.6米左右。

2)侧面斜遮阴　温室侧面采用单层遮光

图5-3　双层外遮阴及侧面斜遮阴

率为50%左右的黑色活动遮阳网,有电动和手摇两种控制方式,可遮挡侧面入射的光线,有效降低温室内的光照强度,同时也起到挡风的作用。

（2）**内遮阴**　使用遮光率为50%左右的银灰色保温幕代替黑色遮阳网（图5-4）。其作用有三:①夏季遮光。②冬季保温,因此也称保温幕。③产生漫射光,使室内光照更加均匀。

图5-4　保温幕（内遮阴）

（3）**遮阴能力与光照强度的计算**　大多数观赏凤梨的最适光照强度为1.8万~2.2万勒。在夏季最高光照强度为12万勒的地区,内部使用遮光率为50%左右的银灰色遮阳网;顶上采用单层60%的活动遮阳网;夏季中午光照最强时,内外遮阳网都遮过来,塑料薄膜的透光率以90%计。温室内光照强度的计算方法为:

$12 \times (1-60\%) \times 90\% \times (1-50\%) = 2.16$（万勒）

因此,无论夏季中午外界光照强度如何高,都可通过内、外遮阳网的开闭,把温室内的光照强度降下来,适合花卉的生长。

但是,仅使用内遮阴与单层外遮阴调节光强,在晴天的早上和傍晚以及多云天气,还是会浪费较多的光能。例如,晴天早上,当外界光照强度超过 2.45 万勒时,温室内光照强度超过 2.2 万勒,就要把遮光率为 60% 的单层外遮阳网遮过来,温室内光照强度降为 0.882 万勒,单层遮阳网使温室内光照强度下降太多,达不到观赏凤梨生长的最适光强,还浪费了大量的光能。具体计算如下:

2.45 × (1 - 60%) × 90% = 0.882(万勒)

若温室顶上安装双层遮光率均为 40% 的遮阳网,当外界光照强度超过 2.45 万勒时,将一层 40% 的外遮阳网遮过来,温室内光照强度仍可保持在 1.323 万勒以上。具体计算如下:

2.45 × (1 - 40%) × 90% = 1.323(万勒)

1.323 万勒为最适光照强度的 73.5%(1.323 万勒/1.8 万勒),相对于 60% 遮阳网的 49%(0.882 万勒/1.8 万勒)来说,已经大大提高了光能利用率,有利于观赏凤梨的生长。

而对于外界最高光照强度 12 万勒,外双层遮阴与内遮阴共同使用,仍然可以使温室内光照强度降到 1.944 万勒,能够满足观赏凤梨正常生长对光照强度的要求。具体计算如下:

12 × (1 - 40%)(1 - 40%) × 90% × (1 - 50%) = 1.944(万勒)

因此,双层外遮阴对于调节温室内光照强度的能力较单层网更强。

(4)安装内外遮阳网的注意事项

1)内、外遮阳网都要采用带行程开关的驱动系统,开动电机将遮阳网开关到一定位置后,自动停止(图 5-5)。

图 5-5 采用带行程开关的驱动系统

2）采用钢管固定转轴的轴瓦（图5-6），防止转轴摇摆。若转轴摇摆，则会导致遮阳网无法正常开闭。

图5-6 采用钢管固定转轴的轴瓦防止转轴摇摆

5.降温系统

降温措施有以下几种，可以根据实际情况选择。

（1）**水帘-风扇系统** 以东西长120米、南北宽42米的24连栋温室为例，在温室的南墙安装24台1.1千瓦的风扇（图5-7），在温室的北墙安装120米宽、1.5米高、10厘米厚的水帘（图5-8），能够满足温室降温的需要，夏季最高温度可控制在30℃以下，甚至28℃以下。反之，若把水帘安装在南墙，太阳容易照到，会提高水帘的温度，不利于温室降温。

图 5 - 7　在温室南墙安装风扇

图 5 - 8　在温室北墙安装水帘

适合的湿度和良好的通风可使花卉生长良好,但通风和保湿是一对矛盾,而安装水帘–风扇的温室可以很好地解决这一问题,可以提供适合的温度条件,在保证通风良好的前提下,又能提供60%~80%的空气相对湿度,这种范围的湿度适合大多数花卉生长。

水帘供水系统由电机、水泵、进出水管、过滤器、出水分管、水帘、回流管等组成(图5–9)。

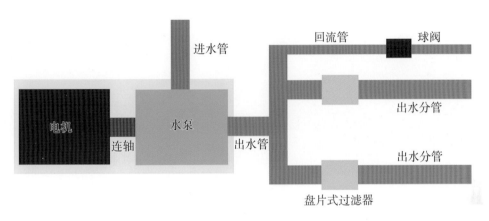

图5–9　水帘供水系统示意图

水帘供水系统要注意的问题:①水泵使用的电机,功率要比所需功率大20%~30%,因为电机使用多年以后,性能会下降;水泵使用久了,流量会减少。开始的两三年,若供水过多,可安装回流管回流入井。②出水口的每个分管,都要安装盘片式过滤器。③出水口分管的管径不能小于出水口主管的管径,因为出水口分管要安装过滤器,过滤器阻力很大,大大影响水流的流速和流量。④在夏天水帘井水供应不足的地区,可循环利用井水,水帘排出的水温仍然比较低,可以回流入井,多次循环利用,但一定要经过沉淀池沉淀后再流入井中。

(2)**内循环风机**　安装内循环风机强制空气流动(图5–10),有两个作用:①当温室南北长度超过45米时,可弥补风扇(水帘–风扇系统)拉力的不足。②当水帘–风扇系统关闭时,强制温室内空气流动。

(3)**室内高压喷雾系统**　温室内安装间歇喷雾系统,喷雾时温室内温度可降低4~5℃,同时还能改善空气相对湿度。

(4)**室内喷水系统**　温室内安装

图5–10　内循环风机强制空气流动

喷水系统,进行喷水降温。喷水时温室内温度可降低3~4℃,但会使叶片过湿。

(5)**室外喷淋系统** 在温室顶上外遮阴的骨架上安装喷淋系统,对温室的顶膜喷水,可以使温室内温度降低2~3℃,对温室内的湿度无影响。

(6)**室顶通风口** 在温室顶部设置通风口以通风降温。有两种方式可以选用:①电动打开或关闭天窗,通过电机驱动转轴,转轴转动带动齿条上下运动,齿条顶开或关闭顶膜(图5-11)。②可通过人工转动摇柄,卷绕部分顶膜,以开启或关闭天窗(图5-12)。

图5-11 电动打开或关闭天窗

图5-12 人工转动摇柄卷绕部分顶膜,以开启或关闭天窗

6.保温设施

做好保温工作,是降低增温成本的前提。保温性能好的温室,不增温时,凌晨最低温度可比外界高 3 ~ 4℃。保温包括四墙保温和顶部保温两部分,其中顶部保温更为关键。

图 5 – 13　风扇所在的南墙内外两面都安装可上卷下放的活动薄膜

(1)温室四墙保温

1)风扇保温设施　风扇所在的南墙内外两面都安装可上卷下放的活动薄膜(图 5 – 13),冬天夜晚时,摇下内外两面的薄膜遮盖风机保温(图 5 – 14)。冬季时,不使用的风机,可用塑料薄膜覆盖外侧(图 5 – 15)。特别寒冷的地区,可采用薄泡沫板覆盖风机外侧(图 5 – 16)。

摇柄

摇柄沿着此轴上下活动

图 5 – 14　夜晚摇下薄膜遮盖风机保温

图 5 – 15　使用塑料薄膜覆盖风机外侧

图 5 – 16　采用薄泡沫板覆盖风机外侧

2)水帘保温设施　水帘所在的北墙内外两面都安装可上卷下放的活动薄膜。冬季时,在温室外水帘的东西两侧边缘位置,各安装一块50厘米宽的固定薄膜遮盖水帘,夜晚摇下活动薄膜遮盖水帘时,用卡簧将活动薄膜与固定薄膜卡在一起,以防冷风吹入温室(图5-17)。

图5-17　水帘保温设施外侧端部固定薄膜

3)东西两墙保温设施　在东西两墙钢管内外两侧安装双层活动薄膜,两层薄膜间距约为5厘米,均可摇上通风、摇下密闭保温,两层薄膜间安装防虫网,防止害虫进入温室危害植物(图5-18)。冬季夜晚时,摇下两层薄膜保温。

4)出入口处保温设施　在特别冷的地区,最好是安装双层门,每层门内外两面都覆盖薄膜,其中外门为转轴门,内门为推拉门(图5-19)。

5)四墙活动二道膜的控制　在温室四墙内侧安装活动二道膜时,要改变摇柄方向垂直于转轴,以方便上

图5-18　东西两墙保温设施
(两层膜中间安装防虫网)

图 5 - 19　双层门

下摇动(图 5 - 20)。

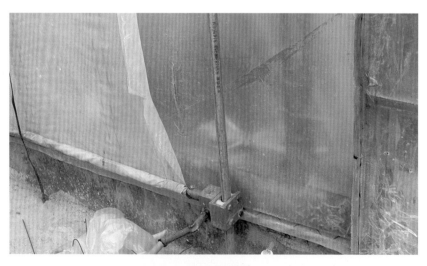

图 5 - 20　温室四墙活动二道膜

（2）**温室顶部保温**　顶部的散热面积是四墙总面积的 7 ~ 8 倍，做好温室顶部保温工作是降低增温成本的关键。

顶部保温的方法有三种,可根据实际情况选择。

1)遮严保温幕　在保温幕骨架的固定边安装条状保温幕(图5-21),关闭时保温幕之间无空隙。保温幕的下垂部分一定要紧贴侧墙(图5-22),以防止热量外泄。

图5-21　在保温幕骨架的固定边安装条状保温幕

图5-22　保温幕的下垂部分要紧贴侧墙

图 5-23 保温幕下方加装活动的二道膜保温系统

2）幕下保温膜　在保温幕下方加装一层厚 0.08 ～ 0.11 毫米可收放的活动塑料薄膜，俗称二道膜（图 5-23）。二道膜的下垂部分也应该贴紧侧墙，防止散热。

3）幕上保温膜　在保温幕的上方、压幕线的下方加装一层塑料薄膜，也称为二道膜。保温幕可在二道膜与保温幕托幕线之间自由移动。二道膜与温室顶膜之间形成隔热层，与保温幕形成类似棉被的双层膜结构（图 5-24）。经实际测算，此双层复合膜散热系数从 6.33 瓦/（米^2·开）降至 3.35 瓦/（米^2·开），降至未加膜前的 53%，大大提高保温效果，节省增温费用。

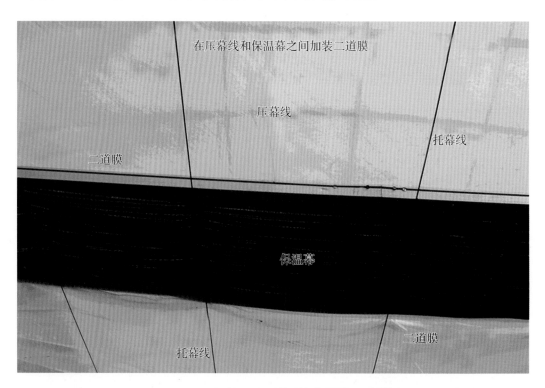

图 5-24 保温幕上方、压幕线下方加装一层薄膜

（3）**安装二道膜节约加温费用实例**　一座温室东西长 80 米,南北长 63 米,高 6.8 米（外膜顶部离地面 6.2 米）,温室四周和顶部覆盖一层薄膜,内部在离地面 2.6 米处安装一层活动保温幕,但由于保温幕之间以及保温幕和前后墙之间空隙较大,实际上起到的保温作用有限。

安装二道膜减少散热面积,降低顶部散热系数,大大减少寒冷季节的增温费用。通过仔细计算,就可以了解二道膜是怎样节约费用的。

1）顶部散热面积减少了 480 平方米。具体计算方法:

安装前（曲面）:（10.5 米/跨 ×6 跨 +6 米）×80 米 = 5 520 平方米

其中,10.5 米为薄膜曲线长度,6 米为温室内部的前后连廊长度。

安装后（平面）:63 米 ×80 米 = 5 040 平方米

5 520 平方米 – 5 040 平方米 = 480 平方米

2）四周散热面积降至 743.6 平方米,比原来的 1 430 平方米减少近一半。具体计算方法:

前:（63 米 +80 米）×2 ×5 米 = 1 430 平方米

后:（63 米 +80 米）×2 ×2.6 米 = 743.6 平方米

说明:温室加二道膜前四周散热面的高度为 5 米,加膜后为 2.6 米。

3）二道膜与外膜之间形成隔热层,与保温幕形成类似双层膜的结构,这一点最关键,使温室顶部的散热系数从 6.33 瓦/（米^2·开）降至 3.35 瓦/（米^2·开）,约降至原来的 53%。

4）安装二道膜之前,每年实际增温费用约为 16 万元,计算费用约为 16.21 万元。具体计算如下:

温室总散热面积为 5 520 平方米 + 1 430 平方米 = 6 950 平方米,此温室使用的薄膜厚度为 0.1 毫米,传热系数为 6.33 瓦/（米^2·开）;要达到温度比外界提高 8℃ 的增温效果,平均每天需要增温 10 小时,每千克油燃烧产热 41 870 千焦（约 10000 千卡）,柴油增温机的热效率为 90%,1 千卡/（米^2·小时·℃）= 1.163 瓦/（米^2·开）,则每天用油量为:

（6.33 ÷1.163）×6 950 ×10 ×8 ÷10 000 ÷90% ≈336.2（千克）

每升柴油 0.84 千克,则每天需用油量为:336.2 ÷0.84 ≈400.24（升）

按照 2005 年柴油价格 4.05 元/升计算,则每天燃油费用为:400.24 ×4.05 ≈1 621（元）

全年增温 100 天,年增温费用为:1 621 ×100 = 16.21（万元）

5）安装二道膜后,每年实际增温费用约为 5.8 万元,计算费用约为 6.374 万元。具体计算如下:

温室顶部散热面积为 5 040 平方米,四周散热面积为 743.6 平方米,由于保温性能提高,为维持高于外界 8℃ 的温度,每天增温的时间可从 10 小时降至 8 小时,则每天用油量为:

$$[(6.33 \div 1.163) \times 53\% \times 5\,040 + (6.33 \div 1.163) \times 743.6] \times 8 \times 8 \div 10\,000 \div 90\% \approx 132.2(千克)$$

每天用油费用为：$(132.2 \div 0.84) \times 4.05 \approx 637.4(元)$

全年增温 100 天，年增温费用为：$637.4 \times 100 = 6.374(万元)$

6）每年节约增温费用：

加二道膜的费用约为 11 800 元，其中塑料薄膜 6 600 元，卡槽和弹簧 3 200 元，人工费用 2 000 元。

$$16 - 5.8 - 1.18 = 9.02(万元)$$

除去二道膜本身的费用及人工费用，这道保温膜所发挥的作用也是非常惊人的。

7. 增温设施

（1）**燃油增温设施**　使用多个出口的燃油加温机（图 5-25），使温室内热量分布均匀。温室内如果有架高的苗床，增温风管一定要安装在苗床下。同一个温室内，增温风管安装在苗床下，花苗的生长速度比增温风管悬挂于苗床上空的花苗快 50% 左右。但如果温室内没有架高的苗床，增温风管只能悬挂于苗床上空。

图 5-25　使用多个出口的燃油加温机

（2）**燃煤增温设施**　虽然同重量的木柴和煤的发热量仅为柴油的 1/4 ~ 1/2（表 5 - 4），但是木柴和煤的价格远远低于柴油，可以使用燃煤增温机烧煤增温，北方产煤的省份则更有优势。另外，在林区附近，每年修剪下来的枝叶，晒干后也可作为燃料增温。烧柴的增温成本将大大降低。值得注意的是，燃煤或烧柴时产生的烟气一定要排到温室外。

表 5 - 4　各种燃料热值比较

燃料	热值（千焦/千克）	发热比
泥煤	12 555 ~ 16 740	0.35
原煤	20 925 ~ 25 110	0.55
木柴	6 278 ~ 14 648	0.25
柴油	41 850	1

（3）**热水增温设施**　采用热水增温（图 5 - 26），可在苗床下安装散热水管（图 5 - 27），散热增温效果良好。若能利用温泉或工业废热水增温，则大大节省增温开支。

图 5 - 26　温室外的加温热水输送管道

图 5 - 27　散热水管

（三）建造节能型水帘 - 风扇温室注意事项

1. 建材选择

温室的立柱、转轴等主要建材，一定要使用热镀锌钢管。管材可以使用方管，加工及建造都方便，也可使用圆形的热镀锌水管。立柱钢管的管壁厚度要在 3 毫米以上，直径要在 50 毫米以上，确保温室荷载能力达标。

2. 配备发电机

在温室花卉生产过程中，必须确保不间断供电。如果在关键时刻停电几个小时，就有可能造成上千万元的损失。夏天上午，如果停电 2 ~ 3 个小时，因没有遮阴和无法使用水帘 - 风扇系统降温，温度会升到 45℃ 以上；冬日凌晨，若停电 3 ~ 4 个小时，温室内的温度会接近室外，植物遭受寒害，生长将受到严重影响，甚至死亡。

因此，一定要根据用电量，配备适当功率的发电机和切换开关。发电机要定期检修，每半个月运行一次，发现问题及时解决。切换开关的设置见图 5 - 28，左边的闸刀开关用于供电电源与发电机切换；右边的空气开关用于电力设施发生火灾时，迅速切断整个温室的电源。

图 5-28　切换开关

3.遮光系统电机的正确安装使用

（1）**使用双动力电机**　在经常停电的地区,应使用双动力电机,既可电动控制遮光系统的开闭,也可手动控制(图 5-29)。

图 5-29　双动力电机

（2）**设置安全装置** 遮光系统电机的转轴与传动轴之间，要使用带螺丝的连接管连接（图5-30）。当遮阳网的来回移动受阻时，连接轴的连接管螺丝（直径为8~10毫米）容易扭断，电机与传动系统分离，电机空转，这样一则防止电机烧毁，二则避免遮光系统崩溃。

图5-30 遮光系统的电机与传动转轴之间用连接管连接

（3）**正确安放电机位置** 电机应安装在传动轴的头部或尾部，不能安装在中部。否则，一头连接轴的连接管上的螺丝扭断，电机与传动设备分离，遮阳网停止移动时，另一头的遮阳网还在移动，易使遮光系统崩溃。

4.降温系统电力供应及控制

（1）风扇控制系统

1）在电压稳定的地区，为了方便控制温室内的温度，可安装自动温控系统，使用温控开关，当温度高于28℃或30℃时，自动打开部分或全部风扇；当温度低于25℃或27℃时，关闭全部或部分风扇。

2）在电压不稳定的地方，最好人工控制。也可安装自动温控系统与手动温控系统切换开关，在电压稳定时自动控制，不稳定时人工控制。

（2）水帘供水系统

1）在连栋温室内，最好安装两个小功率电机的供水系统，代替一个大功率电机的供水系统，分别对温室内东西两个区域的水帘供水。这样，当一个供水系统发生故障时，另一个供水系统可通过开关的切换，轮流向东西两边的水帘供水。

2）电机一定要做好接地工作，严防漏电。

3）水帘供水系统要通过开关与自来水系统连接，当井水供应不足时，可使用自来水代替，也能取得较好的效果。

5.增温系统需要配备应急设备

根据温室的大小和增温需求，配置两台以上的增温机增温。再小的温室也要配置两台小功率的增温机，代替一台大功率的增温机，当一台发生故障时，另一台还可使用。如果只配备一台大功率的增温机，则应该备足木柴，发生危急情况时可以烧柴增温。切忌在温室内直接烧煤增温，因为煤烟中二氧化硫等毒气，对花卉危害极大。

6.加固温室

夏、秋两季台风比较大的地方，要斜拉钢丝绳加固温室（图5-31）。从温室上层外遮光系统外围骨架的四个方向，每隔3米，向下拉带塑料外套的直径8毫米以上的钢丝绳，固定在地面上相应的水泥桩上。水泥桩距温室基部4米，间距3米，在边长30~40厘米、深50~80厘米的深坑中倒入混凝土形成，水泥桩之间以埋深20~30厘米的4分（内径12.7毫米）镀锌管，或者直径为12毫米的钢筋相连。

图5-31 斜拉钢丝绳加固温室

7. 防火和灭火

电线要铺布在线管内,最好使用铁的线管。在连栋温室内,每个单体都要配备一个灭火器。温室内外都要安装自来水(使用铁管),当温室发生火灾切断电源时,可以使用自来水迅速灭火。

(四)水帘－风扇薄膜连栋温室的成功实例

介绍一座建于厦门的性能较好的水帘－风扇温室,以供参考。该温室建造成本低、运行成本低,安全可靠、易维修,且抗台风能力强。

1. 总体结构

(1)南北长 42 米,东西宽 18 米(3 连栋,单栋跨度 6 米)。采用同样的方法,可建 10～20 个连栋的大温室。

(2)温室总体高度(上层外遮阴)5 米,外膜顶部高度 3.8 米,肩高(即天沟高度)2 米。

2. 附加设施和设备

(1)温室顶部离地面 5 米和 4.4 米处,安装两层活动外遮阴,采用 40% 的黑色百吉网。

(2)温室顶部覆盖塑料薄膜,东西墙内外两面均安装双层活动薄膜,可摇上(通风)摇下(密闭、保温),两层薄膜间安装防虫网。

(3)温室内离地面 2 米处安装 50% 左右的银灰色活动保温幕,代替黑色遮阳网作为内遮阴。

(4)温室的四周向外斜拉直径为 8 毫米的钢丝绳与塑料线,连接外遮阴四周边框与地面,以加固温室。从外遮阴四周边框向下,在斜拉的钢丝绳与塑料线(用于固定侧面遮阳网,遮光率为 50%)之间安装可上卷下放的侧面遮阳网(既可遮阴又可挡风)。

(5)温室南墙安装 4 台 1.1 千瓦的倍利牌风机,风扇为正方形,边长约为 1.43 米。

(6)温室北墙安装 18 米长、1.5 米高、10 厘米厚的水帘。

(7)在保温幕骨架的固定边安装条状保温幕(当保温幕关闭时,保温幕之间无空隙)。保温幕的下垂部分紧贴侧墙。

(8)配两台功率为 62 千瓦的柴油增温机,用于冬季增温。

（五）全自动控制智能温室

1. 全自动控制智能温室结构和技术参数

温室顶部和四周采用玻璃覆盖；上部安装内外两层遮阳网调节光照强度，也有一定的降温效果；在温室顶部安装大量天窗通风，四墙也安装大量侧窗（图5-32）；为了获得较好的通风和降温效果，温室肩高要在4米以上、顶高要在6米左右；夏季采用高压喷雾降温；冬季采用低温热水循环增温。

图 5-32 智能温室南墙

温室的东西长度不受限制，大多为100~300米，单排连栋温室的南北长度在30~45米，一般为40米，连栋温室的排数不受限制。

2. 普瑞瓦（PRIVA）自动控制系统

通过温室顶部的气象数据探测设施（图5-33）和温室内部的温湿度等探测仪，探测温室内外的光、温、湿、风等数据，传送到控制系统，控制系统根据这些数据和技术员事先设定的参数,进行处理,然后发出指令,通过全自动控制系统驱动设备,控制内、外遮阳网的开闭及遮盖程度,控制天窗和侧窗的开闭程度,控制水帘－风扇降温增湿系统、高压喷雾降温系统及低温热水循环增温系统的运行,使温室环境处于良好状态。还可控制浇水、施肥系统的运行(图5－34)。

图5－33　智能温室顶上的气象数据探测设施

内遮阳网

昆虫诱捕器

内循环风扇

水帘

风扇

施肥喷头

水帘

苗床

图 5-34　智能温室内部

3. 智能温室温度控制

（1）**全开顶天窗的降温效果**　顶部没有全部安装天窗，或者安装了天窗，但打开的角度小（图 5-35），在夏季温度高的地区，降温效果不好。采用全开顶智能温室，可取得较好的降温效果（图 5-36、图 5-37）。

天窗

外遮阳网

天窗

内遮阳网（收拢）

图 5-35　天窗角度小，不利于降温

图 5 – 36　全开顶天窗降温效果更好

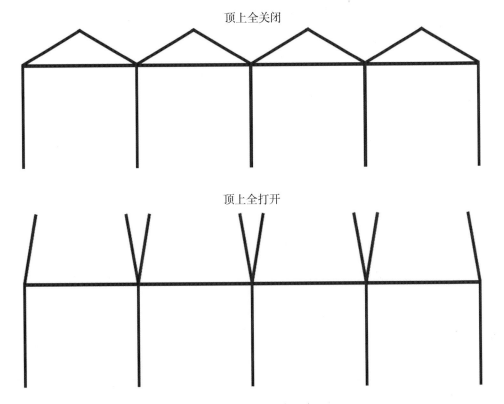

图 5 – 37　全开顶温室示意图

（2）**水帘–风扇降温系统** 在夏季温度特别高的地区,可在智能温室的南北两墙安装水帘与风扇,代替天窗、侧窗和高压喷雾降温系统。如果温室群的连栋温室排数为偶数,则最南边的水帘整天暴露在阳光下,为防止长久日晒水温过高,可在其外3米左右的范围内,于2.5米高处加装遮阳网遮阳。

特别提示:两排连栋温室之间的南北间距以4米为宜,太小影响进气和排气;太大则浪费空间。相邻的两排连栋温室之间,一定要风扇对风扇、水帘对水帘(图5–38、图5–39、图5–40),若风扇对着水帘吹,会将一排温室排出的热气吹入另一排温室的内部。

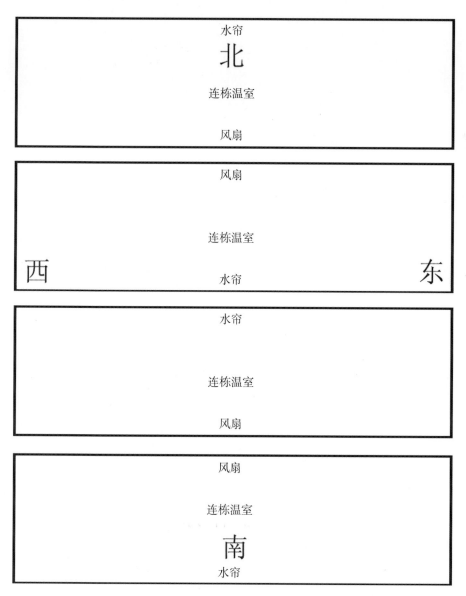

图5–38 温室群各排连栋温室排列示意图

图 5 – 39　智能温室群风扇对风扇

图 5 – 40　智能温室群水帘对水帘

4. 全自动控制智能温室的优缺点

全自动控制智能温室的突出优点一是工作效率高、节省人工,二是对温度等环境条件的控制比较精确。缺点一是投资大,二是对电的依赖性大,必须有备用电源。

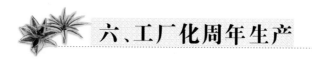

六、工厂化周年生产

（一）栽培前的准备

1. 栽培种类、品种和种苗的选择

当前国内外栽培最多的观赏凤梨是星花凤梨，其次为丽穗凤梨，再次为铁兰凤梨。此外，彩叶凤梨和珊瑚凤梨也有少量栽培。

生产上应用的种苗有组培苗和分株苗两种。组培苗性状表现整齐、稳定，分株苗大小不整齐。国内外种植多选用组培苗，山东等北方地区习惯上选用进口苗，而福建、广东等南方一些大的企业因为掌握了比较完善的组培技术，实现了种苗自主生产，并向市场供应，因此多用国产组培苗。国产组培苗花的质量与进口苗没有差别，只是某些品种的株形与进口苗比起来有微小差距。

除此之外，杂交育种必须使用播种苗，纵向彩色条纹等花叶品种则必须使用分株苗。

2. 盆器的选择

大苗或成株选用单独的盆器。无论是塑料盆、瓦盆，还是木盆，都可以用来栽培观赏凤梨。目前，国内大规模工厂化周年生产普遍使用塑料花盆（图6-1）。观赏凤梨的根系不发达，栽培中可选用较小的盆器，以节约基质用量，减少摆放面积。盆径有9厘米、13厘米、15厘米等不同规格，根据花苗大小、种类进行选择。塑料盆下面用盆架垫起，起着固定花盆、防止积水、利于通风的作用。

图6-1 摆在盆架上的塑料花盆

3.栽培基质的选择

观赏凤梨大多为附生植物,基质要有一定的保湿能力,同时必须排水透气良好。生产上常用基质固、液、气三相物质的体积比为4:3:3或2:1:1,pH 5.8左右。常见的栽培基质有草炭基质、水草基质和土壤基质等。

(1)**草炭基质** 由草炭、珍珠岩和粗沙配制而成。草炭主要包含有机物和矿物质两部分,其中有机物是碳元素的主要来源。草炭以固相有机物质比例高于其他基质而成为育苗基质的首选,以草炭为基质的根系发育良好(图6-2)。具体配方:直径9厘米盆,使用80% 414配方的进口专用基质克拉斯曼(Klasmann)草炭+10%珍珠岩+10%粗沙;13厘米盆,使用70% 414配方的克拉斯曼草炭+15%粗珍珠岩+15%粗沙。

图6-2 以草炭为基质的根系发育良好

（2）水草（水苔）基质　无论是 9 厘米盆的凤梨，还是 13 厘米盆的凤梨，均可单用水草栽培。水草做基质的优点是：干净，可再生，运输方便。大规模生产常用水草做基质（图 6 - 3、图 6 - 4）。

图 6 - 3　采用水草为基质

图6-4   以水草为基质大规模种植观赏凤梨

（3）**土壤基质**   2份腐叶土+1份松软壤土+1份粗沙+少量木炭,也可以用来栽培观赏凤梨。

特别提示:①若使用水草或国产的草炭做基质,应特别注意调节pH,可用碳酸钙将pH调至5.8左右。②水草不能和草炭、腐叶土、壤土等混用,否则,水草和观赏凤梨根系都容易腐烂。

4.栽培流程的制定

早在1998年,观赏凤梨设施和技术就已经达到周年生产水平,可以像工厂生产产品一样,根据观赏凤梨供花时间,按订单大规模周年生产观赏凤梨。

（1）**组培苗的栽培流程**   观赏凤梨组培苗栽培周期的长短,因属、种不同差距很大,短的只需10个月,从催花诱导到成花只需8周;长的如大火炬,栽培周期长达24个月,从催花诱导至成花长达24周。大多数栽培种类,栽培周期在12～17个月,从催花诱导至成花为3～4个月。

栽培流程一般分以下几个步骤:穴盘苗上9厘米盆,9厘米盆移栽至13厘米盆,13厘米盆稀植,催花,上市等。根据不同花期,制订栽培计划。图6-5以栽培周期为15个月,从催花诱导至成花为15周的品种的组培苗来说明栽培流程。

月份	12	1	2	3	4	5	6	7	8	9	10	11	12	1	2	3	4	5
五一上市		上9厘米盆					上13厘米盆			移稀			催花			上市		

月份	5	6	7	8	9	10	11	12	1	2	3	4	5	6	7	8	9	10
国庆上市		上9厘米盆					上13厘米盆			移稀			催花			上市		

月份	8	9	10	11	12	1	2	3	4	5	6	7	8	9	10	11	12	1
元旦上市		上9厘米盆					上13厘米盆			移稀			催花			上市		

月份	9	10	11	12	1	2	3	4	5	6	7	8	9	10	11	12	1	2
春节上市 早		上9厘米盆					上13厘米盆			移稀			催花			上市		
晚																		

图6-5　栽培周期为15个月的组培苗栽培流程

●上9厘米盆,100~110盆/米^2;●上13厘米盆,36盆左右/米^2;◆稀植,15盆左右/米^2

(2)分株苗的栽培流程　具纵向彩色条纹、斑叶等品种,目前尚无法通过组培获得栽培用苗,只能通过分株获得,栽培周期因条纹、斑叶品种绿叶面积较小,长得较慢,要比组培苗长3~4个月。上9厘米盆时,要比组培苗提早1个月,于上9厘米盆之前2~3个月分株扦插于沙床上,其他流程与组培苗类似(图6-6)。分株苗因分株时间前后差异较大,除催花外各步骤时间可做适当调整。栽培时间较短的,也可催花成功,只是花序较小;栽培时间较长的,植株长得更大,花序更为壮观。

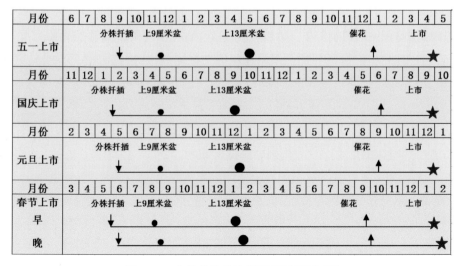

图6-6　分株苗栽培流程图(图例同上图)

（二）南方自动控制条件下的设施周年生产

我国以上海、广东和福建为代表的东南沿海省份最早进行观赏凤梨的引进和生产。南方地势起伏,高温多雨,多台风,雨热资源丰富。经过多年的探索与发展,形成了适宜当地气候资源的一系列生产技术体系。设施的规模很大,自动化程度很高。在重要的生产环节中多使用专业的机械设备,如自动上盆机、全自动喷灌系统等,工作效率极高。完善的设施、雄厚的技术力量和先进的管理模式,代表了我国观赏凤梨生产的水平。

1. 设施生产的环境控制技术

设施自动控制系统包括以下几类:气候控制系统、灌溉控制系统、紫外线消毒系统、传感器等。气候控制系统包括光照、温度和湿度控制系统等,控制设施内的光照、温度、湿度、通风等。要调控好凤梨的生长环境,必须综合考虑光照、温度、湿度等因素,这三者并不是一成不变的,而是处于动态平衡状态。例如,最适的空气相对湿度随着光照强度与温度的变化而变化,甚至还要考虑到浇水、施肥、喷药对湿度的影响,忽略其中某一因素,往往会造成严重的后果。

（1）光照强度控制技术　生产上大多采用内外双层移动遮阳网,根据季节、早晚及晴雨情况调控光照强度。在夏季最高光照强度为9万勒的地区,内外均可使用实际遮光率为50%的遮阳网。夏季中午光照最强时,内外遮阳网都遮起来,温室内最高光照强度约为2万勒。一年中,无论光照强度如何,都可通过内外遮阳网的开闭,使光照强度适合观赏凤梨的生长。夏季光照强度较大的地方,可适当加大内外遮阳网的遮光率。

目前,国内大多栽培星花凤梨,其最适光照强度为1.8万~2.2万勒,仅使用内外两层遮阳网,在晴天的早上和傍晚以及多云天气,还是会浪费较多的光能。因此,生产上可采用三层移动遮阳网(外两层内一层),根据季节、早晚及晴雨情况调控光照强度。温室顶上安装两层遮光率均为30%的遮阳网以保证良好通风,两层遮阳网上下间隔应为0.6米左右,当外界光照强度超过2.45万勒时,将上层遮光率为30%的外遮阳网遮起来,温室内光照强度仍可保持在1.54万勒以上,有利于观赏凤梨生长。

观赏凤梨每天需要12小时以上的光照,日照时数若能增至15~16个小时,则生长既快又好;若日照时数低于12个小时,则会降低开花率。

（2）温度控制技术　观赏凤梨的安全生产温度范围为15~30℃。

1）夏季降温措施　夏季温度较高,最高时可超过35℃。与通风、遮光结合采取水帘风扇降温系统;使用自然通风的玻璃温室,打开顶部大量天窗和四墙侧窗,进行通风;也可以采用高压喷雾降温。

2）冬季增温保温措施　冬季低温,特别是在凌晨,观赏凤梨极易产生寒害(图6—

7),失去观赏价值,损失极大。在冬季温度较低的地方,建议在保温幕的上方紧贴保温幕安装二道膜。当夜晚保温幕遮盖时,二道膜与保温幕形成双层膜结构,保温效果非常好,每年可减少40%~50%的增温费用。温度过低时,通过自动控制系统,采用70~95℃热水循环增温。或者通过燃油或燃煤增温,因燃煤增温对空气有污染,需慎用,还要注意安全防火。

图6-7 凤梨寒害

(3)**湿度控制技术** 高温、干燥的季节或时段,应增加温室内的湿度,以利于观赏凤梨的正常生长。增加湿度的方法有4种:①采用水帘-风扇降温增湿系统。②温室内部安装高压喷雾系统(图6-8),由系统自动控制完成(图6-9),使用专门的喷雾设备(图6-10)。③在叶面上少量喷水。④在地面上喷水或者洒水增湿。

图6-8　温室内安装高压喷雾系统降温增湿

2区 当前温度　30.91　26.37
　　当前湿度%　70.1
限止湿度%　76　　最长开泵秒数　70
启动湿度%　70　　最短停泵秒数　30
喷雾启动 4　　　　　　30

1区 当前温度　30.24　25.91
　　当前湿度%　70.9
限止湿度%　80　　最长开泵秒数　60
启动湿度%　75　　最短停泵秒数　30
喷雾启动 44　　　　　　39

3区 当前温度　31.43　27.07
　　当前湿度%　71.4
限止湿度%　76　　最长开泵秒数　70
启动湿度%　70　　最短停泵秒数　30
喷雾启动 4　　　　　　30

启动时刻　7:30　　保存参数
结束时刻　17:00　　图表
起始温度　15　　退出

5区 当前温度　29.80　26.17
　　当前湿度%　75.1
限止湿度%　80　　最长开泵秒数　60
启动湿度%　70　　最短停泵秒数　60
喷雾关闭

4区 当前温度　29.41　27.07
　　当前湿度%
限止湿度%　80　　最长开泵秒数　60
启动湿度%　70　　最短停泵秒数　60
喷雾关闭

图6-9　高压喷雾湿度自动控制系统界面

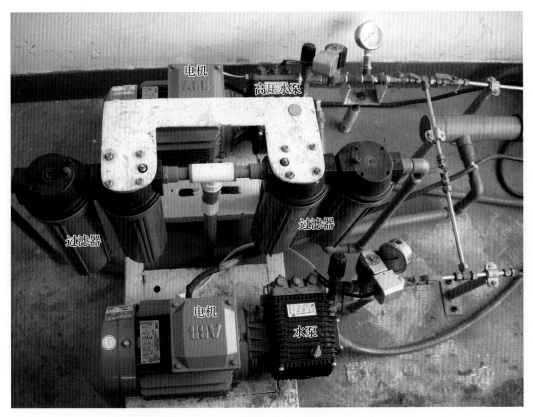

图6-10 喷雾设备

梅雨季节和冬季阴雨天时,温室内湿度常常过高,对观赏凤梨生长不利。降湿的方法有6种:①只开风机抽风,不开水帘。②冬季适当增温。③外界湿度也大时,开内循环风机加强空气流动。④控制浇水、减少叶面施肥。⑤减少喷药,使用熏蒸剂。⑥将边膜和部分顶膜卷起,特别是夜晚时段,可有效降低湿度。

(4)**通风技术** 良好的通风可使观赏凤梨植株粗壮,叶片宽而肥厚,花穗大而长,花色艳丽。可采用开顶窗、侧窗等方法进行通风。通风和保湿是一对矛盾,使用水帘-风扇的温室可以很好地解决这一问题,在保证通风良好的前提下,又能提供60%~80%的空气相对湿度。

(5)**普瑞瓦温室自动控制系统** 荷兰普瑞瓦公司提供的温室自动控制系统具有综合调控设施环境的优势:在设施内、外安装光照、温度、湿度、风向和风力探头,探测温室内外的光、温、湿、风等数据,传送到控制系统,控制系统根据这些数据和技术员事先设定的参数,进行处理,然后发出指令,传给驱动系统,通过驱动设备,控制内、外遮阳网的开闭及程度,控制水帘风机降温系统或燃油增温系统的运行,使温室环境处于良好状态。

2. 生产操作

根据农事操作活动,把观赏凤梨生产分为6个阶段:第一阶段凤梨苗种于穴盘中;第二阶段凤梨苗长在9厘米盆中;第三阶段从凤梨苗移入13厘米盆中至催花前3~4周;第四阶段催花前3~4周至催花后3~4周,后期花序略微着色;第五阶段花序略微着色至花序完全长好;第六阶段花序完全长好之后。

(1)机械自动上盆 采用自动上盆机,把穴盘中的苗栽植到9厘米塑料盆中,并传送到苗床。自动上盆机由自动分盆器、填料机、钻孔机、推盆器等几个主要部件构成(图6-11)。具体工作步骤为:基质配送机自动完成基质的混合配制,并把配好的基质送入自动上盆机;分盆器自动将一整摞的花盆分开,使之落在花盆轨道上;花盆在轨道上运行时,完成填料、钻孔;接着,推盆器将基质上部打好孔的花盆推入传送带,在传送带上完成插苗;传送带将已经栽好的盆苗送到活动苗床边(图6-12),再由人工摆放到苗床上。采用自动上盆机上盆,8小时可以种植2万盆左右,效率高,整齐度好。

图6-11 自动上盆机部分构件

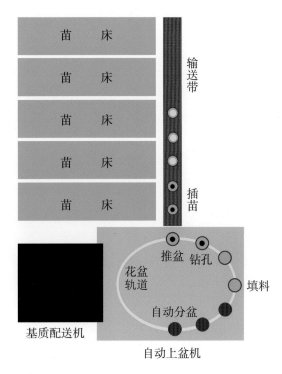

图 6 – 12   自动上盆机种苗示意图

（2）换盆和移稀

1）换盆   上 9 厘米盆 4 ~ 5 个月后，植株的株高和冠幅加大，需要更换为 13 厘米盆。换盆前 1 天适当浇水，小盆容易脱下。但是不可过湿，否则脱盆后基质会散坨伤根。13 厘米盆的底部先垫上少量基质，将苗放入，四周填入基质，轻轻压实。换盆后立即浇透水，1 个月后再开始浇肥。

2）移稀   换盆后 2 ~ 3 个月，植株生长量加大，原来的摆放距离显得过密，这样光照不足，植株容易徒长，叶片变狭长细弱，品质下降。因此，需要通过移稀来调整行间距、株间距，使植株能够接受充足的光照。适宜的距离为从 36 盆左右/米² 移稀至 15 盆/米²。催花前 1 天结合倒去叶筒水，再次移稀至 10 盆/米²。

（3）用 32 孔或 50 孔穴盘替代 9 厘米花盆

1）优势   ①使用穴盘节省资材成本。经实践测算发现，每株苗所用花盆＋托盘的价格约为 0.383 元，而用 32 孔或 50 孔的穴盘每株苗为 0.072 元和 0.046 元，可节约 80% 的成本。一个 9 厘米盆需要填充 345 毫升的草炭，32 孔和 50 孔穴盘每孔分别节省泥炭用量 64% 和 80%。②大大提高了人工操作效率，可以节省 84% 的工时。③提高单位面积利用率。第一阶段，使用 9 厘米盆，每平方米可以放 120 株小苗；使用 32 孔穴盘，每平方米可以放 208 株小苗。第二阶段，将小苗的间距增加一倍，使用 9 厘米盆，每平方米可以放 60 株苗；使用 32 孔穴盘，每平方米可以放 104 株苗。

2）生产实践表明，两种方式栽培的多个观赏凤梨品种，长势并无明显差异，植株移栽到 13 厘米或 14 厘米盆后的缓苗时间也没有差别。

3）穴盘选用方法　星花类品种适宜 32 孔穴盘，莺哥类等株形较小的品种则可以选择 50 孔穴盘。

（4）**促进根部生长的措施**　促进观赏凤梨的根部生长，能使其更好地吸收基质中的水分和养分，适应盆栽环境。具体措施如下：

1）筛去草炭粉末，除去大块，留下粒径为 3 ~ 10 毫米的草炭颗粒。使用 70% 的草炭颗粒 +15% 粗珍珠岩 +15% 粗沙作为促根基质，上盆时通过摇晃花盆或拍打盆壁使基质均匀分布，严禁用力按压盆土。

2）在凤梨正常生长的情况下，保持基质干湿循环。

3）增施钾肥，将氮、磷、钾比例调为 5∶2∶15。

4）多用硝态氮肥，尽量少施铵态氮肥。

5）增施钙肥，每个月灌一次 2 000 倍的硝酸钙。

6）冬季苗床底部增温，将基质的温度控制在 20 ~ 22℃。

7）适当提高光照强度，促进光合作用，以提供给根系更多的光合产物。

8）根部大部分腐烂的植株，应先剪去烂根，再用 70% 根腐灵粉剂 800 倍液浸根，最后用水草包住植入花盆，植株长大换盆时仍用水草包裹。

（5）**促进茎部生长的措施**

1）在适合生长的温度范围内，加大正差温（昼温大于夜温）。

2）适当降低光照强度。

3）在根系正常生长、吸收的情况下，适当提高基质的含水量。

4）增施铵态氮肥及磷肥。

5）提高空气相对湿度。

3. 水处理及灌溉技术

（1）**灌溉水的处理技术**　观赏凤梨工厂化生产，浇水施肥大多采用顶部喷灌，对水质要求很严格。在南方多雨季节，在温室顶上修建雨水库，收集降水，经过反渗透净水系统处理后，水质良好，完全能够用作温室调节空气相对湿度和灌溉的水源（图6 – 13、图6 – 14）。

图 6 – 13　水处理设施外景

温室顶上的雨水集中流入水库

图 6 – 14　温室和雨水库外景

　　反渗透净水系统处理的工作原理:把相同体积的稀溶液(如淡水)和浓溶液(如海水或盐水)分别置于一容器的两侧,中间用半透膜阻隔,稀溶液中的溶剂将自然地穿过半透膜,向浓溶液侧流动,浓溶液侧的液面会比稀溶液的液面高出一定高度,形成一个压力差,达到渗透平衡状态,此种压力差即为渗透压。渗透压的大小决定于浓溶液中溶质的种类,以及溶液的浓度和温度,与半透膜的性质无关。若在浓溶液侧施加一个大于渗透压的压力时,浓溶液中的溶剂会向稀溶液流动,此种溶剂的流动方向与原来渗透的方向相反,这一过程称为反渗透。

　　反渗透净水处理系统包括大、小两个雨水库,1个自来水池,反渗透净水设备,净水池(纯水池)及进入温室的管线(图 6 – 15)。两个雨水库可轮流清洗,最好每个季度一次,至少每年雨季前要清洗一次。若过几天会连续下雨,则要在下雨前放干贮水较少的雨水池,清洗水池壁和水池底,然后对池壁和池底消毒灭菌,最后再用清水洗去残液,下雨时贮满干净少菌的雨水。当雨水缺乏时,用自来水代替雨水。

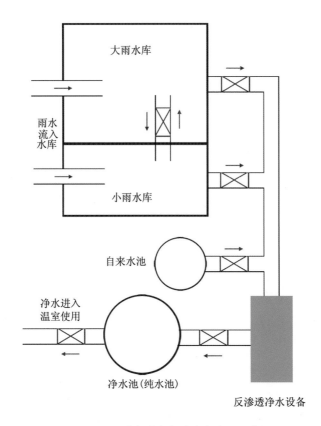

图6-15　反渗透净水系统水处理示意图

特别提示:如果有条件,可采用物理方法对雨水灭菌,例如紫外线灭菌;因观赏凤梨主要将肥水施入叶筒,故不宜采用药物灭菌。

(2)普瑞瓦温室自动控制系统

普瑞瓦温室自动控制系统能够轻松完成喷洒纯水以及喷施肥水的操作。喷施肥水时,在纯水注入肥料混合池时,根据肥料设定、EC测针和pH测针的测定,同时自动注入适量的肥料母液和酸液(或碱液),配成合适的肥水;肥水自动配制好以后,打开电磁阀、开启水泵,将肥水输入喷灌系统喷出(图6-16)。

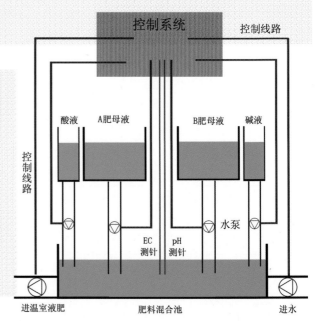

图6-16　普瑞瓦温室自动控制系统喷灌和施肥示意图

（3）**叶筒对水分的特殊要求**　在正常的生长过程中,叶筒中要贮存水分。若环境气温高且空气相对湿度过低,叶筒中的水分更容易蒸干。叶筒缺水则心叶不能正常展开,抱合在一起,出现卷心现象,进一步导致花苞和花序不能挺出。因此,植株营养生长期及时施液肥或浇水,使叶筒中一直保持有水。温室内白天保持 60% ~80% 的相对湿度,特别是秋天干燥时更要保证湿度。

叶筒长期贮水,容易引起病菌大量繁殖导致心腐病。为了防止发生心腐病,除了对灌溉用水进行消毒处理外,在栽培中还要对叶筒进行清洗。每年 6 ~9 月,特别是 7 ~8 月高温时,病菌大量繁殖,即使使用经过净化处理的水,依然容易引起心腐。生产上,从 6 月开始,每个月每盆观赏凤梨最好倒水一次,倒水时应尽量抖干叶筒中的水分,隔一天后再浇水,连续 3 ~4 次,可大大降低叶筒中病菌的数量,有效避免心腐的发生。清洗叶筒只能人工完成,每个工人一天可倒水 5 000 盆左右;若两个人配合,一个人倒持花盆,另一人用清水冲洗叶筒,则效果更好。

4. 肥料施用技术

观赏凤梨在生长过程中需要氮、磷、钾等大量元素,一定量的镁肥以及微量元素。观赏凤梨对硼元素非常敏感,即使微量的硼都会导致叶尖黄化焦枯。生产中肥水都要严格忌硼,要求硼含量应小于 0.1 毫克/升。

观赏凤梨好钾轻磷,过量的磷肥会导致烧叶尖。不同种类观赏凤梨所需的氮、磷、钾比例有所不同,详见表 6-1。观赏凤梨在六个不同生长阶段、不同的季节,所需的肥料浓度不同(表 6-2)。

为促进盆栽观赏凤梨植株健康快速生长,施肥是必不可少的环节。根据肥料施用的时间和方法,分为基肥和追肥。生产上一般结合灌水,采用喷施的方法进行追肥。

表 6-1　观赏凤梨主要栽培种类最适氮磷钾比例

栽培种类	氮(N)	磷(P_2O_5)	钾(K_2O)
星花类	1	0.25 ~0.5	2 ~3
丽穗类	1	0.75	2.5
铁兰类	1	1	2
彩叶类	1	0.5	2 ~3
珊瑚类	1	1 ~1.5	3 ~4

表 6-2　观赏凤梨不同生长阶段各个季节肥料浓度表(EC 值,毫西/厘米)

阶段	一	二	三	四	五	六
夏季	0.5	0.8	1.0	0	1.0	0 ~1.0
春秋	0.6	0.9	1.1	0	1.1	0 ~1.1
冬季	0.7	1.0	1.2	0	1.2	0 ~1.2

（1）**基肥的配制和使用**　使用进口专用草炭或腐叶土做基质时,可将801号奥绿肥作为基肥,拌于基质中,也可施于土面。9厘米盆每盆施用0.5克,13厘米盆施2克。上13厘米盆3~4个月后,再施一次5号奥绿肥,用量为2克/盆。

（2）**喷施肥料的配制和施用**　观赏凤梨具有叶筒这一特殊构造,特别适合由顶部喷肥,将肥水注入叶筒。顶部喷肥效率高,投资少,效果好,便于大规模生产和自动化管理。

1）喷施肥料的配制　生产上多使用花多多9号（无硼配方2:1:2,含螯合铁及微量元素）、硫酸镁和硝酸钾作为追肥。喷施设备包括控制系统、肥料母液桶和净水设备（图6-17）。下面以星花凤梨为例说明,先配制两桶母液,A桶为25千克硝酸钾兑水1吨,B桶为1吨水中加入22.68千克的花多多9号肥料和2.5千克的硫酸镁。

图6-17　施肥控制系统、肥料母液桶和净水设备

2）半自动喷施　每次施肥时,先根据施肥量（即液肥吨数）将经过反渗透处理的雨水或自来水注入肥料稀释池中,然后根据观赏凤梨的生长阶段、不同的季节所需的肥料浓度量取适量的A桶母液或B桶母液倒入肥料稀释池中,搅拌均匀后,再将pH调至5.8左

右。最后,液肥通过喷灌系统均匀喷施。一般情况下,A 桶肥和 B 桶肥轮换使用即可。

3)全自动喷施 使用普瑞瓦温室自动控制系统喷灌,可同时把水注入肥料稀释池,将适量的 A 桶母液或 B 桶母液吸入肥料稀释池,通过吸入酸液或碱液调整 pH 到 5.8 左右,向观赏凤梨喷灌肥料稀释池中配制好的肥水。温室顶端设有肥水管和肥水喷头,可满足喷施肥料之用(图 6 – 18)。

图 6 – 18 温室内的肥水管和肥水喷头

A. 肥水喷头 B. 高压喷雾喷头 C. 高压喷雾管 F. 肥水管 H. 加温管 X. 泄水阀门

4)需要注意的问题 当观赏凤梨叶片过长时,应多施硝酸钾使叶片变短变宽、紧凑。当叶片较短、叶色较淡时,要多施花多多 9 号和硫酸镁,使叶片长长、叶色变浓。花序生长过程中要适量增施磷、钾肥。为使观赏凤梨叶片坚挺,每个月还要喷施1 500倍的硝酸钙液体肥1次。喷施硝酸钙液体肥可使用电动喷药机(图6-19)或者汽油喷药机(图6-20),不能用灌溉系统喷施,也不能与其他肥料一起施用,防止发生沉淀,造成肥分失效,堵塞管道。

图6-19 电动喷药机

图6-20 汽油喷药机

（3）**喷肥注意事项** 常常由于设计不合理,肥水管理方法有误,导致部分观赏凤梨出现叶筒缺水、盆内基质干湿不均匀、叶面损伤等问题。为了解决上述问题,要注意以下9个要点:

1）合理布置喷头 喷灌系统中,合理布置喷头可提高整个系统的肥水管理质量。喷头宜采用正三角形组合方式,这种布置的喷洒均匀度要高于矩形或正方形,同时喷头用量较少。正三角形布置的各个喷头之间的距离相等,支管间距为喷头间距的0.866倍。

2）使用合适的基质 喷灌系统中,无论喷头如何分布,喷灌都会有交叉之处,易造成部分观赏凤梨盆土过湿而导致烂根,因此要求基质既能够保水保肥,又能排出多余的肥水。使用70%的草炭颗粒+15%粗珍珠岩+15%粗沙作为基质,就能做到这一点。

3）温室喷灌系统布置合理 观赏凤梨温室中,苗床为南北方向,中间大路东西走向,喷灌系统的喷管,应比苗床略长并且苗床头尾喷头的间距要适当缩小,否则因风向、喷头交叉分布、苗床头尾的微环境较干燥等原因,造成苗床头尾的凤梨缺少水肥。

4）合理摆放植株 不同品种、不同生长阶段的观赏凤梨,因肥料的种类、浓度不同,不能摆放在同一个喷肥区域,应尽量分开。观赏凤梨温室中,东西两边相邻的两个区域,以南北向的温室立柱相隔,立柱两边的植株,因处于喷灌区域的外缘,喷灌时获得的肥水较少,叶筒容易缺水,盆土比较干燥。为解决这个问题,摆放凤梨时,东西相邻的几个施肥区域最好摆放同品种、同规格的观赏凤梨,施肥时最好要两个以上的相邻区域依次连续喷灌。

下面以两个区域为例说明这个问题,喷肥前将西区的所有苗床向东区移,将东区的所有苗床向西区移。当西区喷肥时,西区最西边苗床西半边的观赏凤梨因向东向内移,喷肥时,可获得同等数量的肥水供应。西区最东边苗床东半边的观赏凤梨,虽然因向东向外移,获得的肥水较少,但西区一喷完,紧接着喷东区,这时西区最东边苗床东半边的观赏凤梨,也获得肥水补充。同理,东区亦然。这样各区各部分都能获得均匀的肥水供应。

5）分次喷肥 对观赏凤梨喷肥水5~8分后,叶筒和叶腋就会装满肥水,然后叶腋中的肥水缓慢流入基质,连续喷肥水时间过长,大部分的肥水则会直接从叶腋流到盆外,造成浪费。当盆内基质过干时,应分两次喷,先喷5~8分,过1小时左右,等叶液中的肥水部分流入花盆内,再喷几分钟。

6）控制肥水的温度 观赏凤梨的肥水直接喷于叶面,肥水的温度15~28℃,最低不得低于10℃。在北方可将贮水池和肥水混合池建于温室内,以提高冬季肥水的温度。

7）控制喷施肥水的EC值 夏季温度高,肥料中的离子活度大,容易损伤和危害叶片,喷施时,肥料的浓度(即EC值)应较低。若喷浓度较高的液肥,喷后1小时应喷清水1~2分。

8）花期不宜喷施 观赏凤梨催花诱导后3~4个月,花序长成,再过1个月左右,小花开放,这时不宜采用喷灌施肥,否则小花容易腐烂。

9)肥水过滤　肥料喷施系统一定要安装过滤器,若使用网状过滤器,常因滤网容易破裂,混入泥沙,堵塞喷头。而盘片式过滤器过滤效果好、易清洗而且耐用,因此一定要使用盘片式过滤器。

(4)**用药技术**　根据发生病虫害的种类选用适当的药剂,根据说明书计算药剂的用量。药剂配制好后,使用电动喷药机或者汽油喷药机喷施,不使用喷灌系统,防止残药堵塞管道,以及对植株生长不利。

(5)**环境卫生控制**　大型生产设施都要建立一套完整的环境卫生控制体系,认真做好出入人员的消毒杀菌,预防传染性病虫害的发生,以免给生产造成难以弥补的损失。环境卫生控制体系包括双门和缓冲间的设置以及专用的消毒杀菌设备(图6-21)。温室入口处铺消毒毯,毯上浇灌40倍的百时清消毒液。进入温室前先踩踏消毒毯灭杀鞋底的病菌,然后穿上白大褂,套上鞋套,最后双手消毒,进入温室(图6-22)。

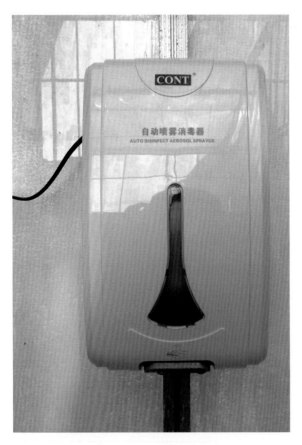

图6-21　自动喷雾消毒器

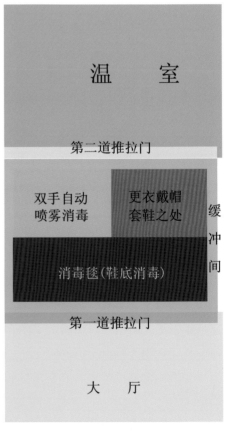

图6-22　进入温室前消毒杀菌

特别提示　应先踩踏消毒毯再套上鞋套,若顺序颠倒,则无法灭杀鞋底的病菌,当鞋套底部磨破时,会将病菌带入温室。

5.周年开花的花期调控技术

在自然状态下,观赏凤梨在叶片数足够多、株龄合适或遇到低温时会自然开花,花期多在春末夏初。分株苗需要 2~3 年甚至更长才能开花。观赏凤梨自然开花率低,开花不整齐,而且难以达到特定时间开花的目的。在大规模生产中,通常采用人工催花的方法,使观赏凤梨在适当的时候开花。按照安排的时间表,在市场热销时期同时大量开花,实现真正意义上的周年生产。

(1)**催花剂种类** 能够用于观赏凤梨催花的药剂主要有乙炔饱和水溶液、乙烯利水溶液。使用萘乙酸催花,也有一定的效果。电石催花效果也很好,但由于会在叶筒中留下白色粉末,在观赏凤梨上很少使用。

叶筒大的星花凤梨、丽穗凤梨、彩叶凤梨和珊瑚凤梨等大多使用乙炔水溶液催花;叶筒小的观赏凤梨,主要是铁兰凤梨,采用乙烯利水溶液催花。

(2)**催花时间安排** 催花开始时间大约在上市前 3~4 个月(见图 6-5、图 6-6),为使花期赶在我国传统节日之际,一般催花时间具体安排如下:

1)五一上市 催花时间为 1 月 8 日前后 1~2 天,上市时间为 4 月 23 日至 5 月 7 日。

2)十一上市 催花时间为 6 月 17 日前后 1~2 天,上市时间为 9 月 23 日至 10 月 7 日。

3)元旦上市 催花时间为 9 月 12 日前后 1~2 天,上市时间为 12 月 23 日至翌年 1 月 7 日。

4)春节上市 最早的年份春节为 1 月 22 日,9 月 23 日前后 1~2 天催花,翌年 1 月 6 日至 1 月 20 日上市;最晚的年份春节为 2 月 19 日,10 月 11 日前后 1~2 天催花,翌年 2 月 3 日至 2 月 17 日上市。

生产上可以参考以上的日期安排,合理安排时间,实现周年生产和均衡供应市场。

(3)**使用乙炔水溶液催花技术**

1)乙炔饱和水溶液配制 早上 6~7 点,在容量为 250 升的水桶中加入 200 升水,水温以 20℃ 左右为宜,既利于溶解乙炔气体,催花时乙炔水溶液倒入叶筒中又不降低植株温度。通过乙炔减压器将乙炔气体的压强降至 0.05 兆帕(MPa),0.05 兆帕的乙炔气体再通过橡皮管和橡皮管末端的气孔石进入水中。多个气孔石放置在桶底,保证气泡均匀上升。用塑料膜浸水后盖严桶口,通气处理 50~60 分,液面出现较强烈的刺激性气味即可。

2)催花操作过程及注意事项 采用乙炔水溶液催花,简单易行,成本相对较低,催出的花既高且大。目前生产上除了铁兰凤梨外,其他种类几乎全部使用乙炔水溶液催花。

乙炔催花具体操作过程及注意事项如下:①在催花之前,一定要排出浇水管内水分、残留肥液、药液等,直到水管中充满乙炔水溶液后才可浇入叶筒。②把自吸泵放入装有乙炔水溶液的水桶底部,将浇水管一端接自吸泵,另一端接喷头,将乙炔水溶液浇入叶筒,用量以刚注满叶筒为宜(图6-23)。200升乙炔水溶液可催1 200盆左右。如果浇灌药水的速度较快,此时则可停止供气,否则还要继续通气,以免降低药水中乙炔浓度。若催花的观赏凤梨数量较少,也可逐盆注入药水。③在晴天上午光线较强时进行催花。上午温度较低,气体挥发慢,植株可整天吸收,催花效果较好;过2~3天后再催一次就可以了。其他时段催花,因温度不合适等原因,可能需要3次才能成功。④催花次数还与品

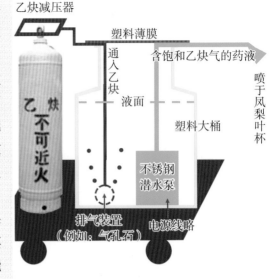

图6-23 使用乙炔水溶液催花示意图

种有关,因品种而异,若不能确定催花是否成功,最好多催一次,以免只有部分开花。

(4)使用乙烯利水溶液催花技术 所有的观赏凤梨都能用乙烯利催花。乙烯利水溶液催出的花色彩艳丽,但花序较为短小。紫花凤梨(图6-24)以及其他叶筒贮水少的凤梨,如星花凤梨属的袖珍宝贝,只能使用乙烯利催花(图6-25)。

图6-24 使用乙烯利催花的紫花凤梨

图 6 – 25　小叶筒凤梨袖珍宝贝使用乙烯利水溶液催花效果

　　1)乙烯利水溶液的配制　量取 1 毫升 40% 的乙烯利,加入 1 升水中,搅拌均匀,所得溶液浓度为 400 毫克/升。其他浓度以此类推,所有的乙烯利水溶液都要调 pH 至 5.2 ~ 7,EC 值小于 1 毫西/厘米。乙烯利水溶液催花的浓度一般为 250 ~ 500 毫克/升。

　　2)催花过程　根据催花品种和植株叶筒大小,用量筒量取 10 ~ 50 毫升倒入叶筒,一次即可。注意乙烯利水溶液不能流入基质中,否则会伤害根系。

　　3)注意事项　各种类观赏凤梨使用乙烯利水溶液的浓度有所不同,浓度从高到低排列如下:铁兰凤梨 > 星花凤梨和珊瑚凤梨 > 彩叶凤梨 > 丽穗凤梨。高温时注意使用较低的浓度,并且下午 4 点后开始催花;低温时使用较高浓度。用药后 5 天内,叶筒内不可浇水,只能于土中补充水分,5 天后可正常浇水。

　　(5)催花前后的管理

　　1)肥水管理　为促进开花,并使花色艳丽,催花前两个月改施高钾低氮的肥料。催花前后 3 ~ 4 周停止施肥,只浇清水,否则花色不艳。正式催花时,需将观赏凤梨叶筒中的积水倒掉。花序略微着色后方可开始施肥,此时应增施钾肥,促使花序着色。

　　2)温光管理　催花诱导至成花期间,最低温度要保持在 18℃ 以上。如果最低温度介于 15 ~ 18℃,可适当提早催花时间。观赏凤梨花期长达 3 ~ 6 个月,提早半个月催花对品质影响不大,但温度高于30℃时催花容易烧心。花序略微着色后需要加强光照,可使花序着色均匀,色彩艳丽。

3)健化处理 春节上市时,为了适应售后低温低光照的外界环境条件,可于上市前7~10天,移至遮光60%、夜温14~15℃的温室,进行健化处理。

一般的观赏凤梨在催花后40天左右心叶开始转色(图6-26),以后陆续抽出花茎,苞片转色,3~4个月后盛开(图6-27)。经催花后花色鲜艳而整齐(图6-28)。催花温度、药剂浓度和催花次数对催花效果有影响。

图6-26 丹尼斯催花诱导后37天的效果

图 6－27　丹尼斯催花诱导后 105 天的效果

图 6 - 28 经过催花的观赏凤梨花色鲜艳而整齐

温馨提示 由于植株大小差异造成感受催花诱导的能力不同引起，或者叶筒所贮催花溶液不均造成（图 6 - 29）。

图6-29　催花不整齐

（三）北方设施周年生产

在以山东为代表的北方,观赏凤梨的生产已经有十几年的历史。北方地势平坦,气候温和干燥,光照充足,昼夜温差大,非常适合观赏凤梨的生长。人们因地制宜,探索出了一条与当地环境、资源相适应的观赏凤梨发展之路,在相对简易的设施中做强了产业。

1.北方观赏凤梨生产常见的温室结构

（1）**单面式日光温室**　单面式日光温室是比较传统的日光温室,后墙在北,采光面朝南,钢架或竹木结构,温室内部要有木质或水泥立柱支撑（图6-30）,上面覆盖塑料薄膜。简易的温室北侧墙体由泥土筑成,墙外堆积较大的土堆,有利于冬季保温。现在更多的是水泥砖墙夹保温板的墙体,比土堆节省土地面积。温室跨度一般为8～10米。长度根据地形确定。

图 6-30   单面式日光温室内部有水泥立柱支撑

（2）**双面式日光温室**   双面式日光温室是在传统日光温室的北侧,借用或共用后墙,增加一个同长度但采光面朝北的一面坡温室,两者共同形成阴阳型日光温室(图 6-31)。双面式日光温室的优点是增强阳棚保温性能,阴棚温度相对较低,可在高温时使用,提高土地利用率,综合造价不高,在生产上比较实用。

图 6-31   双面式日光温室

（3）**连栋薄膜温室** 连栋薄膜温室南北走向，钢架结构，连续几个拱架衔接在一起，外面有钢架固定，内部一般要有钢结构立柱支撑。上面覆盖塑料薄膜（图6-32）。

图6-32 连栋薄膜温室内部

2. 环境控制技术

（1）**光照和温度** 正常偏弱的光照即可满足观赏凤梨生长所需。春、夏季节天气晴朗时，在阳光出现较多的时间段，一般在上午10点至下午3点，使用安装在温室外部（图6-31）或内部的遮阳网（图6-33）遮光，既降低温室内的光照强度，又能防止棚内温度过高。单面式温室可以采用人工开闭遮阳网，节省设备费用（图6-34）；连栋温室由机械控制遮阳网的开闭（图6-35）。温室外离顶膜0.5～0.6米的高处安装有棚架，夏天高温时段需要将棚外遮阳网架起，以防止由于紧贴棚膜遮阳网本身吸热造成棚内温度过高。

图 6 - 33　温室内部的遮阳网

图 6 - 34　人工控制膜外的遮阳网

图6-35　机械自动控制外部遮阳网

　　温度持续升高,可以打开温室山墙上的窗子并启动温室内安装的风扇,通过空气循环达到降温目的。也可以采取水雾降温法,每次打开水雾2~3分,每隔1~2小时喷雾一次。夏季和初秋持续高温,室内外温度都高,此时除了以上措施外,还需要采取水帘降温的方法,直接抽取地下水循环使用,室内温度维持在30℃以下。

　　冬季北方气温比较低,首先要采取各种保温措施,维持温室内的温度。在室内顶膜下加盖一层薄膜,与外膜形成隔热保温层。夜晚室外覆盖草帘或棉被保温。在温室旁设置锅炉房,安装有花卉取暖专用锅炉(图6-36),利用燃煤加热,热水经温室内设置的管道设备运输,在温室内循环增温,再用风扇将热力均匀散开,使冬季室内温度保持在18℃以上。忌直接用燃煤在温室内加热,否则热力不均匀,而且容易造成含硫、含碳等有毒化合物浓度超标,危害观赏凤梨生长。

　　(2)湿度调节和通风　空气相对湿度一般控制在60%~70%。温室内增加湿度主要靠水帘和喷雾系统。单面式温室水帘安放在北墙(图6-37),大型连栋温室内按照东西方向,每隔一定距离安装一组风扇和双面水帘

图6-36　增温专用锅炉

（图6-38）。喷雾系统有棚顶悬挂式（图6-39）和立地式（图6-40）两种。通过定时器自动控制喷雾开始和关闭时间、持续时间，也可以人工控制。灌溉喷水也能增加室内湿度。

图6-37　单面式温室北墙安装水帘

图6-38　一组风扇和双面水帘

图 6 - 39　悬挂式喷雾设备

图 6-40　立地式喷雾系统

温室的山墙设有通风口或者安装大型风扇,室内湿度过高则打开通风口或者风扇排湿。打开温室顶部薄膜和底脚薄膜也可起到通风排湿的作用。通过打开室内风扇促进空气循环流动,也可以达到排湿降温的目的。

3. 水处理及水肥管理技术

(1)**水处理及水分管理**　观赏凤梨对水质要求非常严格,所以再简易的温室栽培,也必须严格处理灌溉水。水源为自来水或者地下水,首先通过水泵将水抽入温室,进入储水专用桶内,再分两步通过专用设备进行净化过滤处理(图 6-41、图 6-42)。第一步粗过滤,由水泵将桶内的水抽至多层过滤系统内,过滤掉沙石、毛发和草屑等粗质杂物。接着进入第二步高压过滤系统。该系统采用高压透膜技术,进一步过滤细质杂物,过滤后的水储藏在白桶内,过滤出来的水质可与纯净水媲美。桶底安装水泵与温室内架设的喷灌系统相连,使用时喷灌系统会自动抽取桶内的水(图 6-43)。如果湿度适宜不需要喷雾,也可以人工手持花洒直接浇水(图 6-44),这样可以节约水。不管小苗还是成苗,每天都要喷水,一般午后进行,水流小而密,保持叶片水润亮泽,叶筒不干涸。天热时可多喷水。一般 1~2 周彻底浇一次,平常见基质干可补浇水。

图 6-41　水处理设备(一)

图 6 - 42　水处理设备(二)

图 6 - 43　储水桶内安装水泵和管线

图 6－44　人工浇水

（2）**施肥**　肥料种类主要为钾肥、氮肥和镁肥，磷肥用量少，常用进口氮、磷、钾复合肥施肥。先将所需肥料经计算配比后，按照种类，如钾肥和氮肥分开，分别放入两个大桶内，每个桶可储水 4 吨（图 6－45）。肥料加入桶中混匀。然后依然进行两步过滤，使用喷灌系统进行喷施。肥水要现用现配，防止长时间储藏造成变质或污染。

平常 20 天左右施肥一次即可。在生长旺盛时期需要勤施，每 7～8 天施肥一次，通常是两次氮肥，一次钾肥。催花和开花时期两次钾肥，一次氮肥。而镁肥则每次施肥都要喷施。施肥可以利用喷灌系统，结合喷灌一起进行。

图 6－45　肥料配制桶（蓝色）和过滤后的肥液桶（白色）

4.栽培管理

（1）**日常管理** 使用进口草炭（图6-46）来种植观赏凤梨，并不添加其他基质。设施内地面用碎石覆盖（图6-47），可有利于排水，防止积水造成道路泥泞、植株染病。生产上常见的观赏凤梨品种虽然不同，但是栽培方法相似，可以放在相同的环境条件下，采用相同的栽培管理方法（图6-48）。

图6-46 专用草炭

图6-47 设施内地面铺碎石防止积水

图6-48 不同品种放在相同条件下栽培

（2）管理中出现的一些问题及处理办法

1）在花序或叶片上出现黑斑（图6-49），大多是由水质不纯造成的，此时应检查净水设备，选用净化较纯的水进行浇灌。

2）花序或者花茎生长歪斜时，可有两种方法进行纠正：一是用铁丝将花序捆绑固定或拉直；二是掰碎泡沫板至适当大小，填充至生长歪斜的花序或花序基部（图6-50），从而进行纠正。第二种方法较第一种更为简单易行，且不伤植株，不易感染。一般填充泡沫后，放置两三天，即可完成纠正，此时应取下泡沫。

图6-49 花序出现黑斑

图 6-50　用泡沫板小块填充花序基部纠正花序

　　3）叶筒包心解决不好，会造成叶片损伤（图 6-51）；光线过强，温度过高，造成叶片晒伤（图 6-52）。这些情况一般无法挽回，只能掰掉，若保留，后期需更加精心管理，使新叶长出。及时摘除没有观赏价值、基部变黄发干并且松动的老叶、病叶。

图 6 - 51　叶片损伤

图 6 - 52　叶片晒伤

（3）催花

1）催花时间的确定　植株必须生长到一定程度,具有一定形态时,才可以催花。一般星花类叶片宽度长至 5～6 厘米时才可催花,否则催花不易成功或花不整齐美观。催花时间为上市前6个月,通常国庆节需要开花上市,则4月催花,春节开花上市,则需7月催花。

2)催花方法 催花使用乙炔水溶液。1吨水中加入2.5~3.5千克电石,使之产生乙炔并溶于水,充分溶解后过滤,然后立即用喷灌系统或者人工用花洒喷施进行催花。电石易分解挥发,所以应随买随配随用。

3)催花后的管理 不同品种催花时对光照要求有所不同,一般丽穗凤梨,如芭芭拉,催花时要求的光照要比丹尼斯等星花凤梨低,所以催花时应分开摆放。而火炬等大型观赏凤梨对光照要求最高,催花时要给予充足光照。催花时要控水控肥,尤其要控氮肥,多钾肥。开花时期则要两次钾肥一次氮肥。镁肥全程都要喷施。

对于当年开花不成功的观赏凤梨,通常会剪去花序和剪短叶片,继续栽培,等到翌年在基部旁边长出新的小植株,再分株进行栽培,以减少开花不利带来的损失。

七、病虫害防治技术

现代化温室中生产的观赏凤梨,由于种苗质量高,环境调控得当,形成了一系列养护管理技术程序,几乎很难发生大规模的病虫害。但是,在极少数特殊情况下,环境条件不利,病虫害还是有可能发生。

病害一般分为两大类:一类称为生理病害,是由光、温、水、肥等环境条件不适而引起的,不具备传染性;另一类称为传染性病害,是由真菌、细菌、病毒等微生物侵害所引起的,病株具有传染性。在防治过程中,这两类病害的病因不同,防治方法也不同。对于生理性病害,一般在找到原因后,有针对性地调节和改善凤梨的生长条件,就可以逐步解决问题。对于传染性病害的防治策略是,首先把染病植株集中在一起,与健康植株隔离,摘除病叶,严重者拔除病株,然后再考虑改善生长条件,通过物理方法或者化学方法防治。在观赏凤梨栽培生产中,生理病害更为常见。

虫害泛指介壳虫、螨类、昆虫、蜗牛等对植株的危害,危害方式有吸取汁液类、咬食类等。害虫吸取汁液会造成植株叶色暗淡、生长缓慢等症状,严重者植株萎蔫死亡。害虫咬食会造成叶片和花序出现孔洞、缺刻,甚至折断,严重影响观赏价值。

病虫害防治的首要任务是防,通过购置优良种苗和科学合理的栽培技术培育健壮植株;其次是治,主要是通过化学药剂来控制。化学防治时,可将不同药剂交替使用,有利于克服微生物和害虫的抗药性,提高防治效果。

(一)生理性病害及其防治

1.叶片卷心(包心)

(1)**症状** 中心叶片抱合,不能正常展开,进一步导致花苞和花序不能挺出(图7-1)。

(2)**发病原因** 由叶筒缺水引起。若气温高、湿度过低,叶筒中的水分更容易蒸干,卷心症状会进一步加剧。缺乏微量元素锌也可能引起卷心病。

(3)**防治措施**

1)营养生长期及时浇水,使叶筒中一直保持有水,在水的重力作用下叶筒被撑开,可避免卷心。白天空气相对湿度维持在60%~80%,高温、干燥时要及时喷水。

图7-1　正常株(左)和卷心株(右)

2)发生卷心时,可用手指插入紧缩的叶片基部,手指用力搅动使之分开,然后及时浇水。如果卷心过紧,抱合叶片难以分开且容易撕裂,可两人合作,边灌水边分开叶片。或者先浇水,数日后待紧缩情况缓解,再按上述步骤进行,1个月左右即可恢复。

2.叶尖黄化枯萎

(1)**症状**　叶尖出现干枯现象,严重时整个尖端部分枯焦(图7-2)。

图7-2　叶尖黄化枯萎

（2）**发病原因**　空气湿度太低,灌溉水质碱性太强或钙、钠含量高,过度施肥或肥液浓度太高等。

（3）**防治措施**

1）经常向植株喷洒水雾,增加空气湿度,经常为基质补足水分。

2）加强通风换气,降低温度。

3）已发生叶尖黄化的植株,可剪去外侧老叶,加强管理,促进心叶萌发生长。

3.硼胁迫

（1）**症状**　植株叶色淡绿,叶尖发黄焦枯,老叶和新叶都有表现,植株生长缓慢。

（2）**发病条件**　观赏凤梨对硼非常敏感,栽培基质、灌溉水或肥料中混有极微量的硼就会引起症状。

（3）**防治措施**

1）生产中使用经过处理的无硼洁净水。

2）尽量避免使用含硼的栽培基质。

3）不使用含硼的缓释性肥料。

4.高锌胁迫

（1）**症状**　叶片失绿、产生斑块等,严重时可整株死亡。

（2）**发病条件**　植株生长过程中需要微量的锌元素,但是浓度过高就会出现病症。生产中使用含锌量高的肥料、农药等化学药品会造成锌中毒。

（3）**防治措施**

1）密切注意肥料和农药中的锌成分,避免使用含锌量高的肥料、农药。

2）注意温室镀锌管件的滴水情况,避免落在植株上,造成损伤。

5.缺镁

（1）**症状**　叶脉周围出现一些黄色小斑点,严重时叶尖变黄,直至死亡。老叶上表现更重。

（2）**发病条件**　植株生长过程中需要微量的镁元素,肥料中缺乏微量元素镁就会引起缺镁症。

（3）**防治措施**

1）改变肥料配比。

2）结合浇水,叶面喷施0.1%~0.5%硫酸镁溶液。

（二）侵染性病害及其防治

1. 心腐病

（1）**症状**　发病初期叶色暗淡无光泽，心叶失绿成黄白色，叶筒基部组织变软，水渍状腐烂。腐生菌侵入后有臭味，心叶易被拔出，严重时整株死亡。幼苗和成株上均可发生。

（2）**病原菌**　真菌病害，病原菌为烟草疫霉或寄生疫霉。

（3）**发病条件**　栽培基质排水不良或浇水过多，水的 pH 高于 7，水质含高钙高钠盐类，种苗包装时通气条件不良，种苗种植前堆积过久、高温高湿等，都可能引起组织失绿、变软等现象。此时栽培基质或肥料中的病原菌借雨水或灌溉水的溅射进行初侵染和再侵染，导致发生心腐病。

（4）**防治措施**　心腐病是观赏凤梨最易发生的侵染性病害，一旦发生，损失巨大，因此必须特别防范。

1）农业防治：为防止叶片卷心，叶筒必须一直保持有水；而叶筒长期贮水，又容易导致心腐病。为解决这一对矛盾，在管理过程中要使用经过处理的洁净水，有条件时每隔 1 个月左右把叶筒存水倒掉，重新换上洁净水；选用理化性质稳定、保水与排水性俱佳的栽培基质；基质日常保持见干见湿，不可过湿。

2）化学防治：用 40% 乙膦铝可湿性粉剂 800 倍液浸苗 10 分，取出阴干后再上盆，可起到预防作用。高温季节到来前一个月开始每隔 15 天喷施一次药剂进行预防；染病初期，可用 75% 代森锰锌水分散粒剂 500～700 倍液或 70% 甲基硫菌灵可湿性粉剂 800～1 000 倍液灌心，每个月 1～2 次。可用 70% 乙铝·锰锌 500～700 倍液（含 45% 乙膦铝，25% 代森锰锌），72.2% 普力克水剂 600～1 000 倍液、25% 甲霜灵（瑞毒霉）可湿性粉剂 600～1 000 倍液交替喷雾，连续 2～3 次有效。

2. 根腐病

（1）**症状**　发病时根尖变褐变黑或腐烂，不长侧根、根毛，生长速度减缓，严重时死亡。

（2）**病原菌**　真菌病害，病原菌为立枯丝核菌。

（3）**发病条件**　生产中栽培基质湿度大，花盆摆放密度大，温度高，湿度高，棚室覆膜上有较多的水珠等，都会引起根腐病的发生。

（4）**防治措施**

1）农业防治：使用疏松、透气的基质种植，种植时切勿用力按压土面。

2）化学防治：使用 70% 根腐灵粉剂 800 倍液、80% 乙膦铝可湿性粉剂 600～800 倍液、70% 噁霉灵（土菌消）可湿性粉剂 600～800 倍液灌根，每半个月 1 次，2～3 次即可。

3.细菌性软腐病

（1）**症状**　表现心腐、叶腐两种症状。

1）心腐型：初发期叶质变半透明，病斑淡绿色呈水渍状，边缘逐渐变黄褐色，逐渐腐烂同时伴有腐臭味，严重者轻轻用力即可从腐烂处拉断。向下蔓延至根部，组织软腐，最终植株死亡。

2）叶腐型：初发病时叶片上出现暗绿色水渍状病斑，逐渐沿叶脉扩展，病组织变褐色软腐，与健康组织界限分明。后期病组织腐烂干枯，直至整株死亡。

（2）**病原菌**　细菌病害，病原菌为菊果胶菌玉米致病变种。

（3）**发病条件**　高温高湿、长期阴雨连绵有利于病原菌的繁殖和生长，使软腐病发生较重。植株因风雨造成伤口、栽培基质板结、根系受伤，软腐病菌容易侵入植株。

（4）**防治措施**

1）农业防治：选择根量多、株形均匀健壮的种苗；创造适合观赏凤梨生长发育的温、湿度和光照条件。一旦发生病害，及时拔除病株销毁。

2）化学防治：72%农用链霉素可湿性粉剂2 000倍液、20%龙克菌（噻菌铜）悬浮剂600倍液喷雾，交替使用。

4.炭疽病

（1）**症状**　主要危害中、下部叶片。初期出现下陷小点，后不断增大为暗褐色圆形斑。若病菌从叶尖或叶缘侵入，叶片会出现不规则的斑块，叶尖焦枯，并不断向下扩张。

（2）**病原菌**　真菌病害，病原菌为胶孢炭疽菌。

（3）**发病条件**　多雨、重雾或湿度大时发生严重。

（4）**防治措施**　使用25%溴菌腈（炭特灵）可湿性粉剂600~800倍液、45%施保克（咪鲜胺、扑霉灵）水乳剂1 000~1 200倍液，或者保治达（18%咪鲜·松脂铜）乳油800~1 000倍液，交替喷施，10天左右1次，1~2次即可。

5.叶斑病

（1）**症状**　发病初期叶片上出现失绿小斑点，周围有水渍状黄色晕圈，后期变成圆形或椭圆形斑块，边缘暗褐色，中央灰白色。后期病斑中央组织变成暗褐色，叶尖焦枯，严重时叶片脱落，甚至全株死亡。

（2）**病原菌**　真菌病害，炭疽菌和弯孢霉。

（3）**发病条件**　温暖、高湿容易诱发该病。

（4）**防治措施**

1）农业防治：首先要加强观赏凤梨的栽培管理。栽培过程中要加强棚室的通风排湿,给予适当的光照和充足的养分,以保证植株的正常生长,提高其自身的抗病力。如果发现病叶出现要及时剪除。

2)化学防治:25%炭疽净1 200~1 500倍液,70%甲基硫菌灵可湿性粉剂600~800倍液。7~10天喷施1次,连喷3~4次,上述药剂交替使用。

6. 锈病

(1)**症状** 初期叶片背面出现黄色小锈斑点,后渐变为橘红色粉状物。

(2)**病原菌** 锈病类真菌。

(3)**发病条件** 温暖、多雨、多雾易诱发锈病,偏施氮肥加重发病。

(4)**防治措施** 剪除病叶,喷洒0.2~0.4波美度的石硫合剂、25%三唑酮可湿性粉剂1 500~2 000倍液、10%敌锈钠250~300倍液,每周1次。

7. 病毒病

(1)**症状** 在不同品种的观赏凤梨上表现有差异,有的品种叶片上出现黄绿斑块相间的花叶症,有的品种除有花叶外,叶片上还有失绿的不规则横向条斑,病株较矮小。

(2)**病原菌** 菠萝褪绿线条病毒。

(3)**发病条件** 从病株上采吸芽进行扩繁,摆盆密度大叶片相互摩擦,操作工具带毒等,有利于病害发生和传播。

(4)**防治措施** 目前尚无有效的防治方法,只能通过栽培技术减少发病。生产中发现病株立即销毁,绝不能作为种株进行扩繁。

(三)常见虫害及其防治

1. 介壳虫类

(1)**症状** 害虫灰白色,壳状,伏于叶片背面,靠刺吸叶片汁液为生。受害叶片出现失绿斑点,严重者出现黄褐色斑,并逐渐枯萎。伤口还会因附着害虫分泌的黏液引起黑霉病。

(2)**发生条件** 在室温过高、通风不畅的条件下容易发生。

(3)**防治措施**

1)农业防治:结合修剪去除虫害严重的叶片和植株,集中销毁;移稀盆器,打开侧窗和风扇,改善通风条件。

2)化学防治:45%马拉硫磷乳油1 000~1 500倍液、40%氧乐果乳油1 000倍液、25%亚胺硫磷乳油1 500倍液、2.5%溴氰菊酯(敌杀死)乳油2 000倍液喷雾。每隔7~10天喷1次。卵刚孵化介壳尚未形成时喷药防治效果最好。

2. 红蜘蛛（螨类）

（1）**症状** 害虫体小，红色，伏于叶背吸取汁液。受害叶片出现萎黄现象，肉眼可见许多红色小点布满叶片，危害严重时植株完全失去光泽，甚至枯萎。

（2）**发生条件** 高温、干旱、通风不良的情况下容易发生。

（3）**防治措施**

1）农业防治：剪除危害严重的叶片和植株，改善通风条件；适度喷雾以增加空气湿度。

2）化学防治：可用 73% 克螨特（丙炔螨特）乳油 2 500 倍液、20% 三氯杀螨醇乳油 1 000 倍液、1.8% 阿维菌素乳油 3 000 ~ 4 000 倍液喷雾、2.5% 天王星（联苯菊酯）乳油 1 000 ~ 1 500 倍液喷雾。每隔 7 ~ 10 天喷 1 次。连续施药 2 ~ 3 次。

3. 蚜虫

（1）**症状** 成群伏于花序上或花梗上吸取汁液，使花序失色萎缩，提早凋谢。

（2）**发生条件** 高温干旱、通风不畅的条件下容易发生。

（3）**防治措施**

1）农业防治：适度喷雾以降低室温和增加湿度，改善通风条件。

2）物理防治：张挂黄粘板。

3）化学防治：可选用 10% 吡虫啉可湿性粉剂 2 000 倍液、40% 杜邦万灵（灭多威）可湿性粉剂 2 500 倍液、50% 抗蚜威可湿性粉剂 1 000 ~ 1 500 倍液。每 5 ~ 7 天喷施 1 次。

4. 鳞翅目昆虫

（1）**症状** 蛾类幼虫咬食叶片、苞片或者小花，将其咬成孔洞、缺刻甚至咬断。

（2）**防治措施** 2.5% 高效氯氟氰菊酯乳油 1 500 ~ 2 000 倍液喷雾、2.5% 溴氰菊酯乳油 3 000 倍液喷雾。每 5 ~ 7 天 1 次。

5. 蜗牛类

（1）**症状** 蜗牛、蛞蝓等用齿舌刮食嫩叶、苞片或者小花，夜间为害，将其咬成孔洞、缺刻甚至咬断。

（2）**发生条件** 环境潮湿阴暗容易发生。

（3）**防治措施** 少量可在清晨人工捕捉；危害严重时可在地上撒生石灰粉，或用 8% 灭蜗灵（多聚乙醛）颗粒剂 1 千克和细土 5 千克拌匀后，于下午 5 ~ 6 点撒于行间。浇水后重撒。

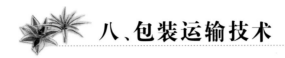

八、包装运输技术

在产销链中,经常需要运输幼苗和盆栽成株。观赏凤梨属于较耐长时间运输的花卉,短途和长途运输耐受能力都很强。在长途运输或储存过程中,盆花植株处于没有光照、相对密闭的容器之中,温度变化剧烈、湿度过高或过低、空气流通不良、有害气体产生和积累等不利条件,都在威胁着植株正常的生命活动。装卸搬运及运输过程中的振动和碰撞,也会导致观赏价值降低、品质下降。因此,要求在运输和储存过程中运用各种技术手段,尽量改善光、温、湿、气等条件,为维持观赏凤梨花苗或盆花的正常生命活动、保持良好的品质提供保障。

(一)运输中易出现的问题

1. 机械伤害

搬运和装卸时过于粗放,摆放密度过大,盆器放置不稳,在颠簸振动中植株互相摩擦和挤压,导致叶片、花茎磨损、残破和折断等问题。

2. 生理损伤

主要表现在卷叶、叶片黄化上,原因是运输过程中温度、水分、光照等环境条件与生长环境差异大造成生理失调。在运输和储存的这一段时间里,盆花植株得不到光照,无法进行正常的光合作用,不能继续制造碳水化合物;而呼吸作用又不断消耗植株体内储存的养分,入不敷出,植株正常生理活动必然受到影响。这种影响是内在的,往往在运输结束一周后才表现出来,症状是卷叶、黄化、脱落,苞片颜色暗淡或枯萎脱落、极易感病等。

3. 微生物感染

主要是一些品种易出现坏死斑点,原因是机械伤害或者生理损伤降低了植株抵抗不良环境条件的能力,加之不利的运输环境条件,最终导致微生物感染,出现黑褐色小圆斑,严重影响品质。

（二）提高运输质量的措施

1. 培育健壮整齐的植株

栽培生产中管理得当，植株健壮整齐，叶色碧绿，花色艳丽，适应性和抗逆性都比较强，在运输中就少出现上述问题。如果植株细弱颜色暗淡，这样的先天不足者更容易在运输储存过程中受不利环境条件影响。

2. 对运输环境的控制

（1）**温度** 对于观赏凤梨盆花或花苗这样鲜活的生命体来说，在储存和运输过程中继续进行着生长、开花等生命活动，适宜的温度是第一要素。温度过高，呼吸作用消耗的碳水化合物越多，植物体越容易黄化、衰老，失去观赏价值。相对低温条件下，呼吸作用弱，消耗代谢变慢，有利于保持品质。但是温度低于一定临界点后就会引起冷害和冻害，植株将会更迅速衰败。因此，在运输和短期储存时保持相对安全的低温条件极其重要。

观赏凤梨最适宜的储运温度为 10 ~ 15℃。其耐受温度与在该温度下持续的时间有关。过高或者过低温度下，短时间内影响不大，但长时间就容易出现问题。在储运过程中，如果环境温度高于15℃，特别是高于20℃，会缩短储运时间，不超过 7 ~ 8 天；如果在10 ~ 15℃条件下，可以适当延长储运时间；低于 10℃，植株会出现冷害，不适宜储运。

春、秋两季自然界温度适宜，一般无须使用特殊保温、增温和降温措施。夏季结合通风和除湿，必须采取降温措施。而在冬季，特别是新年和春节期间，正是运送年宵花的旺季，外界气温低且波动很大，维持安全温度特别重要，必须采取增温和保温措施。常用的方法主要包括：盆花外罩保鲜袋；装入纸箱或泡沫箱包装；外面包裹一层或几层保温被；用保温箱、保温车运送等。必要时这几种措施结合起来使用。

（2）**水分和湿度** 栽培中观赏凤梨的叶筒带水，栽培基质也保持一定的潮湿度。运输过程中为了满足植株正常生命活动的需要，也要保持一定的潮湿度，但要低于栽培生长环境中的湿度。空气相对湿度低于50%植株容易失水萎蔫或干尖，超过85%就会导致病害出现，如果超过95%，叶片细胞破裂，出现叶坏死，特别是夜间高湿度更容易出现。一般空气相对湿度保持在60% ~ 80%。栽培基质的含水量以见干见湿为好。

（3）**光照** 在运输过程中一般处于黑暗状态，这对于保持叶片绿色和苞片鲜艳颜色有一定影响。低光照强度会降低碳水化合物和叶绿素的含量，导致叶片失绿、脱落。低光强时，如温度适宜，损害可部分避免。观赏凤梨在短时间内耐受低光照，超过 15 天，对植株不利。

（三）包装运输技术

为了避免因在运输中遇到上述问题，除了生产中培育整齐健壮的产品外，也必须在包装和运输过程中采取措施，运用先进的技术手段，降低不利环境条件的影响，克服机械伤害，达到安全储运的目的。

1. 包装材料

观赏凤梨花苗和盆花的包装材料主要有聚乙烯（PE）保鲜袋（图8-1）、纸箱、泡沫箱和网格塑料箱。保鲜袋呈漏斗形，上口大下口小，周边留有小孔透气，具有一定保湿作用，兼有部分保温作用。纸箱或泡沫箱有保温隔热等特性，适用于长途运输使用。

图8-1　聚乙烯保鲜袋包装（卡丽红）

保鲜袋和纸箱都有不同规格，可以根据盆花的品种和规格进行选择。常用纸箱的规格为：长×宽×高＝80厘米×48厘米×70厘米，盆径为14～16厘米、株高为40～50厘米、冠幅为40～50厘米的花盆可以装15盆。网格塑料箱透气透水，结实耐用，用于短途运输及销售，可多次反复使用（图8-2、图8-3）。

图 8-2　网格塑料箱、泡沫箱加聚乙烯保鲜袋包装(丹尼斯)

图 8-3　网格塑料箱加聚乙烯保鲜袋包装(黄金玉扇)

2.包装方法

运送穴盘苗,可将穴盘直接平放在铺好塑料膜的扁纸板箱内。运送无基质小苗,可包上保鲜袋,挽口水平放置在纸板箱或泡沫箱中运送。

成品花带有塑料盆和基质,包装时要用相应大小的单个保鲜袋从底部套上,把保鲜袋拉到与植株高度一致或高于植株顶端8~10厘米,挽口放置,既保持一定的湿度,又保证正常的通风换气。纸板箱内先放置规格适宜的塑料盆架,或者打有大小合适孔穴的泡沫板,再直立放入盆花。从纸箱底部沿四壁向上放置一层塑料膜,防止水汽凝结在纸箱上,使纸箱潮湿破损。把套袋后的盆花垂直摆放在纸箱中,盆花的高度低于纸箱高度2~3厘米,上面用胶带封好(图8-4)。

图8-4 运送观赏凤梨成株的纸板箱

盆花装箱后要贴上标签,写清品种、数量、花色、生产地和商家名称,以及要求的温度、湿度。特别要贴上醒目的向上方向标签"↑"，提醒物流中转过程中，纸箱需要正向放置，防止植株受损。纸箱外还要贴上"鲜活产品"、"轻拿轻放"等字样，提醒物流过程中避免野蛮装卸，使植株受损。

（四）运输方法和途径

1. 短途运输

短途运输时，盆花罩上保鲜袋，敞口直接摆放在网格塑料筐中，用箱式货车或普通敞篷车运输（图8-5）。量大的时候可以放置铁质或木质花架，分层摆放塑料筐，注意用绳子加固。

图8-5　简易包装短途运输

2. 长途运输

长途批量运输时，一般通过箱式货车、恒温专运车运送（图8-6）。货箱内放置3~5层的铁质货架或板材货架，将打好包装的纸箱或泡沫箱逐层摆列其上。货架可以用来支撑纸箱的重量，尽量多摆放几层，充分利用空间，节省成本。最好是同一辆车上装载相同品种或相近的品种,方便管理。

图8-6　长途运送的恒温箱式专运车

3.长途快递或托运

在数量少的情况下,单独使用纸箱或泡沫箱包装,需要多用1~2层纸箱加固,外面加上醒目的提示语和提示图标。

4.铁路、飞机和船运

一般要使用花卉专用箱或大型集装箱,既能保持恒定温度,又方便机械化装卸运送。在箱内,用木质或合金的栏杆加尼龙丝网作为产品的外包装,不仅能较好地固定植株,还能加强集装箱内空气的流通,减少途中产品的损耗,保证上市后的产品有较长的观花寿命。

参考文献

[1]胡松华.观赏凤梨.北京:中国林业出版社,2003.

[2]蔡虹,赵世伟,周斯建.风梨.北京:中国林业出版社,2004.

[3]刘海涛.观赏凤梨欣赏栽培128问.北京:中国农业大学出版社,2009.

[4]胡松华.观赏凤梨流行品种.花木盆景,2005(5):6-7.

[5]沈晓岚.观赏凤梨优质品种收集以及遗传转化研究.浙江大学硕士论文,2010.

[6]黄威廉.凤梨科植物族属分类及地理分布.贵州科学,2013,31(2):23-27.

[7]殷德良.观赏凤梨的起源与发展.中国花卉报,2007-11-17:002.

[8]柯立东,林伯达,吴家全.观赏凤梨的繁殖与育种.中国花卉园艺,2008(10):17-19.

[9]龚明霞,等.观赏凤梨组培快繁技术研究进展.广西农业科学,2010,41(5):412-415.

[10]詹启成,等.超级火炬种子繁殖技术初报.北方园艺,2010,(23):92-94.

[11]柯立东,林伯达,吴家全.观赏凤梨催花及栽培要点.中国花卉园艺,2007
    (6):12-13.

[12]信彩云,李志英.观赏凤梨乙烯催花机理的研究进展.热带农业科学,2009,29
    (2):78-82.

[13]柯立东,林伯达,吴家全.节能温室的构造及其若干思考.福建热作科技,2007,32
    (2):28-30.

[14]柯立东.现代化节能温室设计与建造.中国花卉园艺,2012(12):38-40.

[15]柯立东.凤梨大规模生产(上).中国花卉园艺,2011(16):20-23.

[16]柯立东.凤梨大规模生产(下).中国花卉园艺,2012(18):22-24.

[17]岳汀.凤梨:精品稀缺,整体供需平稳.中国花卉报,2016-01-12:004.

[18]韩益.凤梨弃盆改穴盘能效大提高.中国花卉报,2010-09-21:004.

[19]刘晨霞,等.日光温室保温被传热的理论解析及验证.农业工程学报,2015,31(2):
    170-176.

[20]张炎.凤梨主要病虫害防治.中国花卉报,2009-03-7:001.

[21]郑良永,林佳丽.观赏凤梨的主要病虫害及其防治技术.西南园艺,2006,34
    (6):66-67.

[22]王寅寒,等.丹尼斯凤梨细菌性软腐病拮抗细菌的筛选及鉴定.广东农业科学,2012
    (20):63-65.

[23]马骁勇,等.观赏凤梨盆花生产技术规程.农学学报,2013,3(06):54－56.

[24]段九菊,等.高硼胁迫对观赏凤梨植株生长和元素含量的影响.中国农学通报,2011, 27(02):137－143.